国外油气勘探开发新进展丛书

GUOWAIYOUQIKANTANKAIFAXINJINZHANCONGSHU

The Imperial College Lectures in
PETROLEUM ENGINEERING

FLUID FLOW IN POROUS MEDIA

渗流力学

〔英〕Robert W. Zimmerman 著

屈亚光 毕浩浩 译

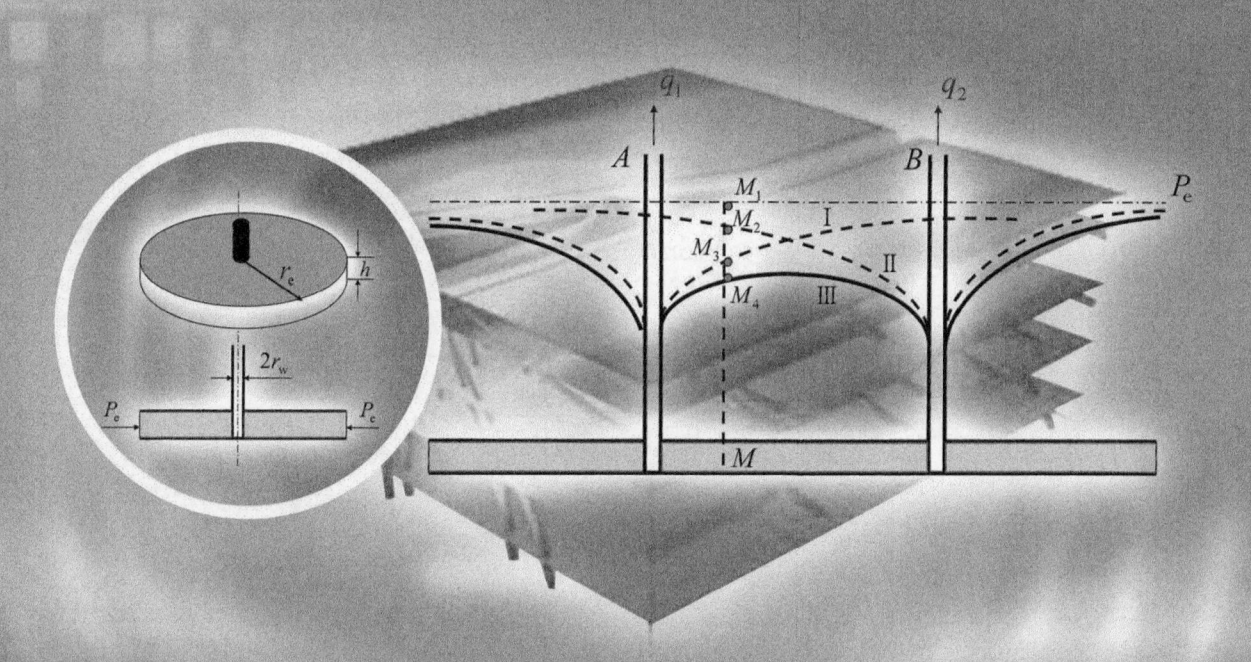

石油工业出版社

内 容 提 要

本书以多孔介质中的流体流动方程为基础,重点讨论了与油藏工程有关的问题,系统阐述了渗流力学基础理论体系。主要内容包括:无限大储层中井的线源解、压力叠加原理和压力恢复试井、井筒表皮系数和井筒储存效应、油藏工程中的拉普拉斯变换方法、天然裂缝性储层、气体在多孔介质中的流动等知识。

本书可作为石油工程及相关专业的研究生教材,也可作为高年级本科生和从事油气田勘探与开发科研人员的参考书。

图书在版编目(CIP)数据

渗流力学 /(英)罗伯特·W·齐默尔曼(Robert W. Zimmerman)著;屈亚光,毕浩浩译. —北京:石油工业出版社,2020.10

(国外油气勘探开发新进展丛书;二十)

书名原文:Fluid Flow in Porous Media

ISBN 978 – 7 – 5183 – 4192 – 4

Ⅰ. ①渗… Ⅱ. ①罗… ②屈… ③毕… Ⅲ. ①油气藏渗流力学 Ⅳ. ①TE312

中国版本图书馆 CIP 数据核字(2020)第 164679 号

The Imperial College Lectures in Petroleum Engineering
Volume 5: Fluid Flow in Porous Media
by Robert W. Zimmerman
ISBN: 978-1-78634-499-1

Copyright © 2018 by World Scientific Publishing Europe Ltd.

All rights reserved. This book, or parts thereof, may not be reproduced in any form or by any means, electronic or mechanical, including photocopying, recording or any information storage and retrieval system now known or to be invented, without written permission from the Publisher.

Simplified Chinese translation arranged with World Scientific Publishing Europe Ltd.

本书经 World Scientific Publishing Europe Ltd. 授权石油工业出版社有限公司翻译出版。版权所有,侵权必究。

北京市版权局著作权合同登记号:01 – 2020 – 4581

出版发行:石油工业出版社
(北京安定门外安华里 2 区 1 号楼 100011)
网   址:www.petropub.com
编辑部:(010)64523537   图书营销中心:(010)64523633
经 销:全国新华书店
印 刷:北京中石油彩色印刷有限责任公司

2020 年 10 月第 1 版 2020 年 10 月第 1 次印刷
787×1092 毫米 开本:1/16 印张:9.5
字数:230 千字

定价:75.00 元
(如出现印装质量问题,我社图书营销中心负责调换)
版权所有,翻印必究

《国外油气勘探开发新进展丛书(二十)》
编委会

主　任：李鹭光

副主任：马新华　张卫国　郑新权

　　　　何海清　江同文

编　委：（按姓氏笔画排序）

　　　　万立夫　范文科　周川闽

　　　　周家尧　屈亚光　赵传峰

　　　　侯建峰　章卫兵

序

"他山之石，可以攻玉"。学习和借鉴国外油气勘探开发新理论、新技术和新工艺，对于提高国内油气勘探开发水平、丰富科研管理人员知识储备、增强公司科技创新能力和整体实力、推动提升勘探开发力度的实践具有重要的现实意义。鉴于此，中国石油勘探与生产分公司和石油工业出版社组织多方力量，本着先进、实用、有效的原则，对国外著名出版社和知名学者最新出版的、代表行业先进理论和技术水平的著作进行引进并翻译出版，形成涵盖油气勘探、开发、工程技术等上游较全面和系统的系列丛书———《国外油气勘探开发新进展丛书》。

自2001年丛书第一辑正式出版后，在持续跟踪国外油气勘探、开发新理论新技术发展的基础上，从国内科研、生产需求出发，截至目前，优中选优，共计翻译出版了十九辑100余种专著。这些译著发行后，受到了企业和科研院所广大科研人员和大学院校师生的欢迎，并在勘探开发实践中发挥了重要作用，达到了促进生产、更新知识、提高业务水平的目的。同时，集团公司也筛选了部分适合基层员工学习参考的图书，列入"千万图书下基层，百万员工品书香"书目，配发到中国石油所属的4万余个基层队站。该套系列丛书也获得了我国出版界的认可，先后四次获得由中国出版协会颁发的"引进版科技类优秀图书奖"，已形成规模品牌，获得了很好的社会效益。

此次在前十九辑出版的基础上，经过多次调研、筛选，又推选出了《石油地质概论》《油藏工程》《油藏管理》《钻井和储层评价》《渗流力学》《油气储层组分分异现象及理论研究》等6本专著翻译出版，以飨读者。

在本套丛书的引进、翻译和出版过程中，中国石油勘探与生产分公司和石油工业出版社在图书选择、工作组织、质量保障方面发挥积极作用，聘请一批具有较高外语水平的知名专家、教授和有丰富实践经验的工程技术人员担任翻译和审校工作，使得该套丛书能以较高的质量正式出版，在此对他们的努力和付出表示衷心的感谢！希望该套丛书在相关企业、科研单位、院校的生产和科研中继续发挥应有的作用。

中国石油天然气股份有限公司副总裁 李鹭光

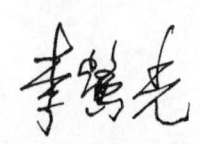

译 者 前 言

流体在多孔介质中流动在国内被称为渗流力学,它是流体力学的一个重要分支,主要研究流体在多孔介质内的运动规律。由于多孔介质广泛存在于自然界、工程材料和人体与动植物体内,因而渗流力学大致可划分为地下渗流、工程渗流和生物渗流三个方面。目前,渗流理论已经成为人类开发地下水、地热、石油、天然气、可燃冰、煤炭与煤层气、页岩气等诸多地下资源的重要理论基础,在环境保护、地震预报、生物医疗等科学技术领域中,在防止与治理地面沉降,兴建大型水利水电工程、农林工程、冻土工程等工程技术中,已成为必不可少的理论。石油工程专业课程中的"渗流力学"是以油藏为研究对象的重要专业理论课,即研究在高温高压条件下,研究油、气、水在多孔介质中的流动规律、生产过程中地层压力和饱和度等的变化规律。渗流力学当前比较成熟的内容有单相渗流理论、多相渗流理论、双重介质渗流理论、渗流基本定律和多孔介质理论。

本书是英国帝国理工学院罗伯特·W·齐默尔曼教授在地球科学工程系讲授的石油工程硕士课程的讲稿的基础上,为石油工程专业硕士研究生编写的一本关于流体在地下多孔介质中流动规律的教材,本书于2018年出版。为了给从事石油工程研究的工程师及高校师生提供参考,我们特别翻译了此书。本书共9章,全面系统地阐述了渗流力学基础理论体系。本书以多孔介质中的流体流动方程为基础,重点讨论了与油藏工程有关的问题。主要内容包括:无限大储层中井的线源解、压力叠加原理和压力恢复试井、井筒表皮因子和井筒储存效应、油藏工程中的拉普拉斯变换方法、天然裂缝性储层、气体在多孔介质中的流动等知识。本书每一章节后还给出了习题,读者通过做习题可以进一步巩固和理解书中所介绍的原理和理论计算方法。

本书的翻译由屈亚光组织,完成了所有章节主要的翻译工作,最后由毕浩浩对全书进行了审校。在翻译过程中,长江大学石油工程专业2017级本科生巩旭、石康立、陈智明、裴向阳、陈新阳、邱周辉、曾德尚、梁连丰、邹蕙阳、邓吉宇等10位同学给予了非常大的帮助,同时长江大学油藏工程研究团队各位老师对本书的翻译也提供了许多宝贵的建议,在此一并表示感谢。

由于译者水平有限,书中难免存在不足或不准确之处,恳请广大读者批评指正。

前　言

本书的编写是以英国伦敦帝国理工学院地球科学与工程系讲授的石油工程硕士课程的讲稿为基础,是该系列课程的第五卷。

帝国理工学院石油工程专业理学硕士为一年制课程,主要包括三个部分:(1)一系列与石油工程专业领域相关的不同主题的学术讲座,以及对应的课后作业和考试;(2)分组完成一个实际的油藏项目,在这个项目中,班级首先被分成若干个项目小组,每组大约 6 名学生,然后根据所收集的实际油藏基础数据,从油藏地震和地质资料初始评价开始,直到油藏废弃,设计该油田的开发方案;(3)一个持续时间为 14 周的个人项目,每名学生对某一特定的问题展开相关调研并进行分析研究,最后按照 SPE 论文的格式撰写一篇小论文。

石油工程专业理学硕士课程自 1976 年开始在英国帝国理工学院开设,已经培养了一千多名石油工程师。该课程本质上是一门"转换课程",旨在让一些工程学或物理科学领域拥有本科学位的学生(但不具有石油工程方面的任何工作经验)接受石油工程专业培训,使他们能够以石油工程师的身份进入石油和天然气行业。尽管新入学的学生包括了物理、数学、地质学和电气工程等不同学科的本科生,但学习该课程的学生以具有化学或机械工程专业的本科学位的学生为主,而且他们大多数几乎没有任何石油工程专业的相关知识。尽管有些学生在石油工程专业方面有一定的经验,但本课程是相对独立的,对石油工程或地质学的先验知识不是学习本课程的必要条件。

本卷主要介绍了多孔介质中的流体流动方程,重点讨论了与油藏工程有关的课题和问题。如果读者对这一主题没有先入为主的了解,特别需要注意控制方程的数学表达式和相关概念的发展,以及对重要的油藏流动问题提出解决方案。其中数学基础要达到工程专业的三四年级本科生的水平。拉普拉斯变换和贝塞尔函数等在解决油藏工程问题中起着关键作用的前沿课题是独立发展的。尽管这本教材的编写侧重于石油工程,但也会对水文学家和土木工程师有一定的帮助和指导。

非常感谢世界科学出版社的编辑和工作人员能够非常迅速并专业地完成了这本书的出版工作。特别感谢彼得西姆咨询公司(PetroSim Consultants)的汉利德拉波特(Hanli de la Porte)博士,他阅读了本书的第一稿,他的评论、批评和建议极大地提高了这本书的可读性和实用性。

Robert W. zimmerman
伦敦帝国理工学院
2018 年 1 月

原书作者简介

罗伯特·W·齐默尔曼（Robert W. Zimmerman）曾获得哥伦比亚大学（Columbia University）机械工程学士和硕士学位，并获得加州大学伯克利分校（University of California at Berkeley）岩石力学博士学位，是加州大学伯克利分校的讲师，劳伦斯伯克利国家实验室的科学家，斯德哥尔摩皇家理工学院（KTH）工程地质与地球物理系主任。他还担任了《国际岩石力学和采矿科学》期刊的主编，并在《多孔介质渗流》和《国际工程科学》两本期刊的编辑委员会中任职。他独自编写了《砂岩可压缩性》（Elsevier，1991），并与 J C Jaeger 和 NGW Cook 合著了《岩石力学基础》（第 4 版，Wiley – Blackwell，2007）。现任英国帝国理工学院岩石力学教授，从事岩石力学和裂缝性岩石水文学的研究，其研究成果广泛应用于石油工程、地下采矿、碳埋存和放射性废物处理等领域。

目 录

第1章 流体在多孔岩石中流动的压力扩散方程 ……………………………… (1)
  1.1 达西定律和渗透性的定义 ……………………………………………… (1)
  1.2 基准面和校正压力 ……………………………………………………… (3)
  1.3 典型单元体积 …………………………………………………………… (4)
  1.4 径向稳态流动 …………………………………………………………… (5)
  1.5 质量守恒方程 …………………………………………………………… (6)
  1.6 笛卡儿坐标下的扩散方程 ……………………………………………… (7)
  1.7 圆柱坐标下的扩散方程 ………………………………………………… (10)
  1.8 多相流控制方程 ………………………………………………………… (11)
  本章问题 ……………………………………………………………………… (12)

第2章 无限大储层中直井的线源解 …………………………………………… (13)
  2.1 线源解的推导 …………………………………………………………… (13)
  2.2 无量纲压力和时间 ……………………………………………………… (18)
  2.3 线源解的适用范围 ……………………………………………………… (19)
  2.4 线源解的对数近似 ……………………………………………………… (20)
  2.5 注入流体的瞬时脉冲 …………………………………………………… (22)
  2.6 压降试井计算储层渗透率和储存系数 ………………………………… (24)
  本章问题 ……………………………………………………………………… (26)

第3章 压力叠加原理和压力恢复试井 ………………………………………… (27)
  3.1 线性与叠加原理 ………………………………………………………… (27)
  3.2 无限大储层压力恢复试井 ……………………………………………… (28)
  3.3 变产量流动试井 ………………………………………………………… (30)
  3.4 连续变产量流动试井的卷积积分 ……………………………………… (31)
  本章问题 ……………………………………………………………………… (32)

第4章 断层和线性边界的影响 ………………………………………………… (34)
  4.1 空间中源/汇的叠加 ……………………………………………………… (34)
  4.2 非渗透垂直断层的影响 ………………………………………………… (35)
  4.3 两条相交的不渗透垂直断层 …………………………………………… (37)
  4.4 线性恒压垂直边界附近一口井 ………………………………………… (38)
  本章问题 ……………………………………………………………………… (40)

第5章 井筒表皮因子和井筒储存效应 ………………………………………… (41)

5.1 稳态模型中井筒表皮因子的定义 ………………………………………………………… (41)
5.2 井筒表皮对压降或压力恢复试井的影响 …………………………………………… (43)
5.3 井筒储存现象 …………………………………………………………………………… (45)
5.4 井筒储存对试井的影响 ………………………………………………………………… (47)
本章问题 ………………………………………………………………………………………… (48)

第6章 有限大储层中的流体流动 ………………………………………………………… (49)
6.1 有限大储层或有限泄油区域的产量 …………………………………………………… (49)
6.2 外边界压力恒定、井底压力恒定的位于圆形储层中心的一口井 ………………… (50)
6.3 外边界压力恒定、流入井筒流量恒定的位于圆形储层中心的一口井 …………… (57)
6.4 外边界无流动、流入井筒流量恒定的位于圆形油藏中心的一口井 ……………… (58)
6.5 非圆形泄油区 …………………………………………………………………………… (61)
本章问题 ………………………………………………………………………………………… (62)

第7章 油藏工程中的拉普拉斯变换方法 ………………………………………………… (63)
7.1 拉普拉斯变换方法简介 ………………………………………………………………… (63)
7.2 水力压裂井的流动问题 ………………………………………………………………… (68)
7.3 拉普拉斯域的卷积原理 ………………………………………………………………… (71)
7.4 拉普拉斯变换的数值反演 ……………………………………………………………… (73)
本章问题 ………………………………………………………………………………………… (74)

第8章 天然裂缝性油藏 …………………………………………………………………… (76)
8.1 巴伦布莱特(Barenblatt)等的双重孔隙模型 ………………………………………… (76)
8.2 双重孔隙方程的无量纲形式 …………………………………………………………… (78)
8.3 双重孔隙多孔介质中的线源解 ………………………………………………………… (80)
本章问题 ………………………………………………………………………………………… (83)

第9章 气体在多孔介质中的流动 ………………………………………………………… (84)
9.1 多孔介质中气体流动的扩散方程 ……………………………………………………… (84)
9.2 理想气体、储层性质不变 ……………………………………………………………… (85)
9.3 真实气体、储层性质变化 ……………………………………………………………… (86)
9.4 非达西流动效应 ………………………………………………………………………… (88)
9.5 克林肯伯格效应 ………………………………………………………………………… (90)
本章问题 ………………………………………………………………………………………… (93)

附录A 例题求解方法 …………………………………………………………………………… (94)

附录B 单位换算关系 …………………………………………………………………………… (122)

附录C 专业术语 ………………………………………………………………………………… (123)

参考文献 ………………………………………………………………………………………… (126)

第1章 流体在多孔岩石中流动的压力扩散方程

在本章中，我们将推导出描述流体在岩石或泥土等多孔介质中渗流随时间变化的基本微分方程。方程的推导过程是将质量守恒原理与达西定律联立起来，达西定律建立了渗流速度与压力梯度的关系，因此得到的微分方程是一个扩散型方程，它控制多孔介质中流体压力随时间变化的关系，并可以考虑油藏中空间位置的变化。本章推导的控制方程是试井解释分析模型的基础，并以离散形式构成了油藏工程中用于预测油气采收率的油藏数值模拟方法的基础。

1.1 达西定律和渗透性的定义

达西定律是控制流体在多孔介质中流动的基本定律，达西定律是1856年由法国土木工程师亨利·达西在砂层垂直滤水实验的基础上提出的。达西（1856）通过多次不同条件下的实验得到出水口流量可以利用式(1.1)计算：

$$Q = \frac{CA\Delta(p - \rho g z)}{L} \tag{1.1}$$

式中　p——压力，Pa；
　　　ρ——流体密度，kg/m³；
　　　g——重力加速度，m/s²；
　　　z——垂直方向的相对位置差（方向向下），m；
　　　L——砂柱长度，m；
　　　Q——体积流量，m³/s；
　　　C——比例常数，m²/(Pa·s)；
　　　A——样品横截面积，m²。

达西定律中所有参数可以使用相同的单位制，如国际单位制、CGS单位制、英国工程单位制等。但是往往在石油和天然气行业中，通常使用所谓的"矿场单位制"，即各个参数的单位制是不统一的。除了所研究的个别问题外，矿场单位制（如bbl, ft, lbf/in² 等）将不会应用于其他公式中参数单位的表示。

达西定律在数学上类似于其他线性问题的传输定律，如电传导的欧姆定律、溶质扩散的菲克定律和热传导的傅立叶定律等。

为什么可以用"$p - \rho g z$"这个表达式控制流量？回忆一下流体力学基础中的伯努利方程，该方程本质上体现了能量守恒原理，可用如下公式表达：

$$\frac{p}{\rho} - gz + \frac{v^2}{2} = \frac{1}{\rho}\left(p - \rho g z + \frac{\rho v^2}{2}\right) \tag{1.2}$$

式中，p/ρ 是与每单位质量焓有关的参数，gz 表示每单位质量的重力能，v^2/g 表示每单位质量的动能。油藏中的流体速度通常很小，因此第三项通常可以忽略不计，在这种情况下，公式右边"$p-\rho gz$"表示的是一个能量类型项。由此可以看出,流体从高能区流向低能区是非常合理的。因此,流体能够在多孔介质中流动的驱动力应该是"$p-\rho gz$"的梯度(即空间变化率)。

在达西最初的认识之后,人们进一步研究发现,当所有其他的实验条件都相同时,流量Q与流体黏度μ(Pa·s)成反比。因此,最好把流体黏度μ去掉,用参数C表示,并令$C=K/\mu$,其中K称为渗透率,其因次为m^2。

一般情况下,计算油藏单位面积的体积流量($q=Q/A$)比计算总流量Q更为简单。因此,如采用单位面积的体积流量,达西定律可以写成:

$$q = \frac{Q}{A} = \frac{K}{\mu}\frac{\Delta(p-\rho gz)}{L} \tag{1.3}$$

式中,流量q的单位为m/s,由于流量q与单个流体质点的速度不相同[式(9.34)],因此最好将流量单位定义为$m^3/(m^2 \cdot s)$。

由于油藏中各点的流量变化是一个瞬时的变化过程,因此需要采用达西定律的微分形式来描述。在垂直方向上,式(1.3)的表达形式是:

$$q_v = \frac{Q}{A} = -\frac{K}{\mu}\frac{d(p-\rho gz)}{dz} \tag{1.4}$$

式中,z表示垂直向下的坐标,由于流体是从总能量($p-\rho gz$)高的区域流向能量低的方向,为了保证公式计算的流量值为正,因此需要在公式右边添加负号。由于垂向高度在水平方向上是恒定不变的,因此一维(1D)水平线性流的达西定律的微分形式可表示为:

$$q_H = \frac{Q}{A} = -\frac{K}{\mu}\frac{d(p-\rho gz)}{dx} = -\frac{K}{\mu}\frac{dp}{dx} \tag{1.5}$$

对于大多数的沉积岩石,水平方向的渗透率K_H与垂直方向的渗透率K_V不相同。一般情况下,油藏水平方向的渗透率大于垂直方向的渗透率,而且水平面内任意两个正交方向的渗透率也可能不同。但是在本书的阐述中,为了方便表述,假定油藏水平方向的渗透率等于油藏垂直方向的渗透率,并统一用符号K表示油藏渗透率。

油藏渗透率是与岩石类型相关的参数,同时也随油藏应力、温度等参数而变化,但不取决于其中流动流体的类型,根据式(1.4)或式(1.5),可以看出流体在多孔介质中的流速仅与流体黏度的大小有关。

储层渗透率的单位为m^2,但在石油工业中,通常用"达西"(D)来表示,定义如下:

$$1D = 0.987 \times 10^{-12} m^2 \approx 10^{-12} m^2 \tag{1.6}$$

达西单位的物理意义可表述为:黏度为1cP的纯水,在压差1atm的作用下,通过长度为1cm、横截面积为$1cm^2$的岩心,流过岩心的流量为$1cm^3/s$时,则该岩石的渗透率就是1D。

由于土木工程师所研究的对象一般是土壤和沙子,它们的渗透率往往有几达西。因此,最初使用达西作为单位的目的是为了避免使用很小的前缀(如10^{-12}),如果渗透率是以m^2作为单位,则需要使用很小的前缀。但是幸运的是,达西单位约等于是一个国际单位的整数,所以两种单位制之间的转换较容易处理。

对于给定的储层岩石,渗透率的大小取决于岩石中孔隙的直径d以及孔隙空间的连通程度。一般来说,储层岩石的渗透率数值可用岩石孔隙的直径来简化计算,其计算公式为:$K = d^2/1000$。关于上式的推导,请参见本系列丛书第3卷(Zimmerman,2017a)第1章中的内容。

例如,对于一块平均孔径为 10×10^{-6} m(即10μm)的岩石,渗透率约为 10^{-13} m² 或 0.1D。通常一块完整(未破裂、不存在裂缝)的不同类型岩石的渗透率平均值见表1.1。

表1.1 不同岩石类型的渗透率取值范围

岩石类型	$K(D)$	$K(m^2)$
粗砂砾	$10^3 \sim 10^4$	$10^{-9} \sim 10^{-8}$
沙、砾石	$10^0 \sim 10^3$	$10^{-12} \sim 10^{-9}$
细砂、粉砂	$10^{-4} \sim 10^0$	$10^{-16} \sim 10^{-12}$
黏土、页岩	$10^{-9} \sim 10^{-6}$	$10^{-21} \sim 10^{-18}$
石灰岩	$10^{-4} \sim 10^0$	$10^{-16} \sim 10^{-12}$
砂岩	$10^{-5} \sim 10^1$	$10^{-17} \sim 10^{-11}$
风化岩	$10^0 \sim 10^2$	$10^{-12} \sim 10^{-10}$
未风化岩石	$10^{-9} \sim 10^{-1}$	$10^{-21} \sim 10^{-13}$
花岗片麻岩	$10^{-8} \sim 10^{-4}$	$10^{-20} \sim 10^{-16}$

不同类型的岩石和土壤的渗透率在数量级上变化较大。但是,大部分油藏岩石的渗透率变化区间位于 0.001~1.0D。因此,用"毫达西"(mD)(即0.001D)来量化油藏岩石的渗透率表达形式更为简洁。

表1.1中的渗透率取值范围适用于一块完整的储层岩石。而在一些油藏中,渗透性主要是由相互连通的裂缝网络决定的。裂隙岩体的渗透性一般在1mD至10D。在裂缝性油藏中,油藏规模级的渗透性与人们在实验室中对未破裂的岩心进行测量的岩心规模级的渗透性并没有直接关系。

1.2 基准面和校正压力

如果流体在多孔介质中处于静态平衡状态,则流量 q 应为0,由式(1.4)可得出:

$$\frac{d(p-\rho g z)}{dz} = 0 \rightarrow p - \rho g z = 常数 \tag{1.7}$$

如果取油藏垂向高度 z 为0,即认为处于水平表面,则油藏流体压力为大气压,油藏深度为 z 处的油藏静态流体压力为:

$$p_{静止}(z) = p_{atm} + \rho g z \tag{1.8}$$

由于总是用表压(以大气压为基准的压力)的形式来表示井下压力计测量的油藏压力,因此,式(1.8)右边的 p_{atm} 可以忽略不计。并且通过比较式(1.8)和式(1.4),可以得出,只有当地层压力高于油藏静压才能驱动储层中的流体。因此,式子"$p - \rho g z$"只会产生静压,而不会产生流动的驱动压力。

为了消掉式子"$p - \rho g z$",校正后的压力 p_c 可表达为:

$$p_c = p - \rho g z \tag{1.9}$$

注意此处定义的校正压力 p_c 与第1.8节中定义的毛细管压力不同。以水平线性流动为例,利用校正压力,达西定律可简化为:

$$q = \frac{Q}{A} = -\frac{K}{\mu}\frac{\mathrm{d}p_c}{\mathrm{d}x} \tag{1.10}$$

为了不使用表面($z=0$)作为基准面,通常给定某一个深度值 z_0,相同地质储量的油藏深度可能位于 z_0 的上方和下方。在这种情况下,校正压力 p_c 可表达为:

$$p_c = p - \rho g(z - z_0) \tag{1.11}$$

基准面的选择是不重要的,因为对于校正后的压力,它是一个常数项,因此不影响压力梯度。式(1.11)中定义的校正压力可以解释为:流体在假想深度 z_0 处的压力与实际深度 z 处的流体处于流体静力平衡状态。

1.3 典型单元体积

达西定律是一个宏观概念,只有在讨论比单个孔隙大得多的储层岩石时才具有物理意义。换句话说,在讨论油藏中任意一点(x,y,z)的渗透性时,不能用数学上无穷小的"点"来表示渗透率,因为该点可能正好位于砂粒中,而不是位于岩石孔隙中。

事实上,渗透率的性质只适用于多孔介质,而不适用于单个孔隙。因此,渗透率在某种意义上代表的是由点(x,y,z)所包围的某一空间区域的平均值,该区域必须具备足够大,典型单元体积必须包含一定数量的孔隙以符合连续系统中统计平均数的要求。同样地,在达西定律中使用的压力实际上是代表一小块单元空间的平均压力。

例如,观察图1.1,它表示出了砂岩储层中的孔隙,两个位置向量 $\boldsymbol{R}_1$ 和 $\boldsymbol{R}_2$ 可如图1.1所示。但是,当提到油藏中某一位置的压力时,并不能区分附近的两个点,正如 $\boldsymbol{R}_1$ 和 $\boldsymbol{R}_2$ 两个点所示。相反,图1.1中所示的整个区域的压力将用整个圆形区域的平均压力来表示,称为"典型单元体

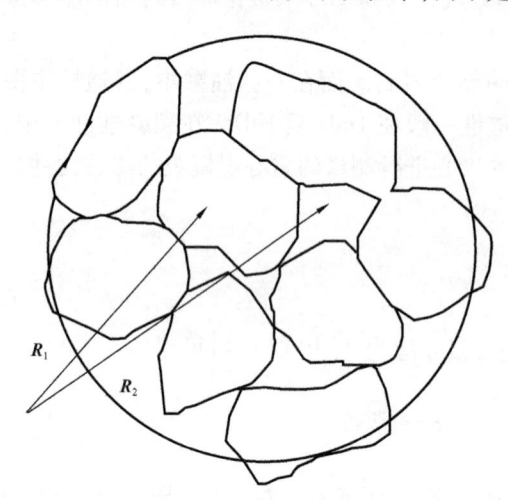

图1.1 表征单元体积

积"(REV)。同样地,储层岩石的渗透率也只能在典型单元体积大小范围内定义(Bear,1972)。

一般而言,砂岩储层中典型单元体积大体上比平均孔隙的数值至少大一个数量级。然而,在碳酸盐岩等非均质性较强的储层岩石中,孔隙大小可能在空间上发生不规则的变化,而且可能不存在表征单元体积。虽然了解这一概念很重要,但对于大多数油藏工程而言,并不需要特别明确地考虑这一问题。

1.4　径向稳态流动

在推导控制流体在多孔介质中流动的一般瞬态方程之前,先研究一个简单但非常典型的问题:一个外边界压力恒定的圆形油藏,且流入井筒中的流量保持恒定。该问题可用达西定律来解决。

如图 1.2 所示,一个厚度为 H、水平渗透率为 K 的油藏,其中心打一口完善的直井(井将储层全部钻穿且在储层部分时裸露的),井筒半径为 R_w。假设在半径为 R_o 的边界处,压力一直保持为它的初始值 p_o。如果该井以一恒定的流量 Q 生产,油藏的稳态压力分布会是怎么样的?

当油井刚开始生产时,油藏中任意位置的压力都会随时间变化,这个瞬态问题将在 6.3 节中讨论并解决。但是随着生产的持续,油藏压力分布最终会达到一个稳定状态,此时 $\mathrm{d}p/\mathrm{d}t = 0$,这就是现在需要考虑的情况。在稳定状态下,边界 R_o 处流入油藏的流量与井壁 R_w 处流入井筒的流量完全相等。

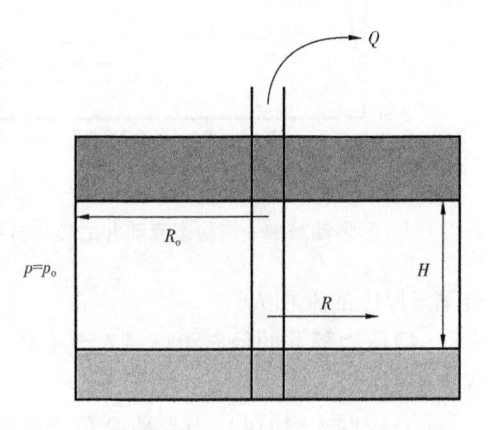

图 1.2　井位于有界圆形油藏示意图(侧视图)

采用式(1.5)计算径向方向的流量 Q 可表示为:

$$Q = -\frac{KA}{\mu}\frac{\mathrm{d}p}{\mathrm{d}R} \tag{1.12}$$

在距离井中心径向距离 R 处,垂直于流体的横截面积为 $2\pi RH$(即高度为 H 且周长为 $2\pi R$ 的圆柱形表面),因此:

$$Q = -\frac{2\pi KH}{\mu}R\frac{\mathrm{d}p}{\mathrm{d}R} \tag{1.13}$$

分离变量,从外边界 $R = R_o$ 积分到任意位置 R:

$$\frac{\mathrm{d}R}{R} = -\frac{2\pi KH}{\mu Q}\mathrm{d}p$$

$$\Rightarrow \int_{R_o}^{R}\frac{\mathrm{d}R}{R} = -\int_{p_o}^{p}\frac{2\pi KH}{\mu Q}\mathrm{d}p$$

$$\Rightarrow \ln\left(\frac{R}{R_o}\right) = -\frac{2\pi KH}{\mu Q}(p - p_o)$$

$$\Rightarrow p(R) = p_o - \frac{\mu Q}{2\pi KH}\ln\left(\frac{R}{R_o}\right) \tag{1.14}$$

式(1.14)是著名的裘皮 – 蒂姆(Dupuit – Thiem)公式,由法国水文学家朱尔斯·裘皮(Jules Dupait)(Dupuit,1857)于 1857 年首次推导,德国水文学家阿道夫·蒂姆(Adolf Thiem)

(Thiem,1887)可能是第一个使用该公式推广应用于计算地下水储水层渗透率的人。

如图 1.3 所示，由于压力随距离井筒的距离呈对数变化，因此大部分压降发生在井筒附近，而远离井筒的地方，压力变化缓慢。

对于式(1.14)可以得出以下结论：

(1) 如果流体是从井中采出，那么流量 Q 在数值上是负的，因为流体的流动方向与径向坐标 R 的方向相反。因此，对于任何 $R < R_o$，$p(R)$ 将小于 p_o。

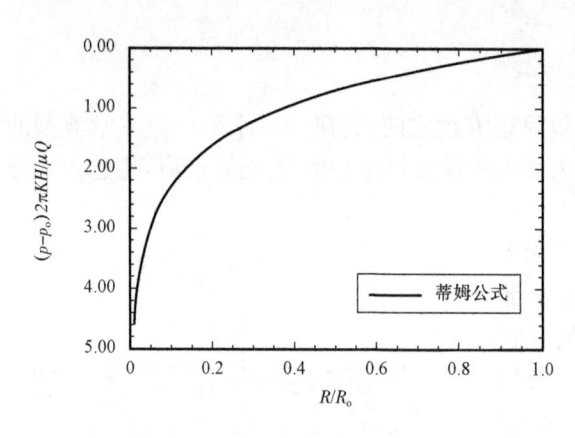

图 1.3 圆形油藏中一口稳态流动井的压力分布曲线

(2) $p(R)$ 小于 p_o 的数值称为压降。

(3) 影响压降的唯一油藏物性参数是渗透率与厚度的乘积 KH。

(4) 压力随井的径向距离呈对数变化，同样地，相关关系也出现在瞬态问题中，这将在第 2 章中探讨。

(5) 根据式(1.14)，当半径 R 位于井壁时，即 $R = R_w$，可得到井筒处的压降为：

$$p_w = p_o - \frac{\mu Q}{2\pi KH}\ln\left(\frac{R_w}{R_o}\right) \tag{1.15}$$

(6) 由于往往只关注油井产量，因此通常将流量 Q 重新定义为产量的正值，在这种情况下，式(1.15)可以写成：

$$p_w = p_o + \frac{\mu Q}{2\pi KH}\ln\left(\frac{R_w}{R_o}\right) \tag{1.16}$$

1.5 质量守恒方程

仅利用达西定律并不能解决涉及地下水流动的瞬态问题。为了建立一个适用于瞬态问题的完整的控制方程，必须首先推导出满足质量守恒原理的数学表达式。

如图 1.4 所示，考虑一个流过横截面积为 A 的一维管道的流动问题，特别是针对 x 和 $x + \Delta x$ 两个位置之间的区域，应用质量守恒原理可得到：

流入量 – 流出量 = 单元体积增加量 (1.17)

注意：守恒的是流体的质量，而不是流体的体积。具体地说，假设流体从左到右流过岩心，在时间 t 到时间 $t + \Delta t$ 这一时间段里，进入长方体单元的质量流量为：

图 1.4 用于推导质量守恒方程的长方体微元

$$\text{流入的质量流量} = A(x)\rho(x)q(x)\Delta t \tag{1.18}$$

流出长方体单元的质量流量为:

$$\text{流出的质量流量} = A(x+\Delta x)\rho(x+\Delta x)q(x+\Delta x)\Delta t \tag{1.19}$$

用 m 表示该区域内流体质量总量,则质量守恒方程可表示为:

$$[A(x)\rho(x)q(x) - A(x+\Delta x)\rho(x+\Delta x)q(x+\Delta x)]\Delta t = m(t+\Delta t) - m(t) \tag{1.20}$$

对于一维流动,例如当通过一个圆柱状的岩心时,横截面积 $A(x)$ 为一常数 A,此时,可以提出常数因子 A,两边同除以 Δt,使 $\Delta t \to 0$,则有:

$$-A[\rho q(x+\Delta x) - \rho q(x)] = \lim_{\Delta t \to 0} \frac{m(t+\Delta t) - m(t)}{\Delta t} = \frac{\partial m}{\partial t} \tag{1.21}$$

如暂时将 ρq 项看作一个整体。

由于质量 $m = \rho V_p$,其中,V_p 是在 x 和 $x+\Delta x$ 之间的岩板中包含的岩石的孔隙体积。根据定义,孔隙体积等于视体积乘以孔隙度 ϕ,所以:

$$m = \rho V_p = \rho \phi V = \rho \phi A \Delta x \tag{1.22}$$

$$\Rightarrow -A[\rho q(x+\Delta x) - \rho q(x)] = \frac{\partial(\rho\phi)}{\partial t} A \Delta x \tag{1.23}$$

公式两边同时除以 Δx,使 $\Delta x \to 0$,则有:

$$-\frac{\partial(\rho q)}{\partial x} = \frac{\partial(\rho \phi)}{\partial t} \tag{1.24}$$

式(1.24)是多孔介质中一维线性流动的质量守恒基本方程,它准确地将单元中质量的空间变化率与单元中质量的时间变化率联系起来,适用于气体、液体、高速或低速流体流动等问题。

在最一般的三维条件中,质量守恒方程可以写成:

$$\frac{\partial(\rho q)}{\partial x} + \frac{\partial(\rho q)}{\partial y} + \frac{\partial(\rho q)}{\partial z} = -\frac{\partial(\rho \phi)}{\partial t} \tag{1.25}$$

式(1.25)左侧的数学运算称为 ρq 项的偏微分,它表示每单位体积流体偏离给定区域的速率。

1.6 笛卡儿坐标下的扩散方程

一般而言,真正的稳态流动很少发生在实际的油气藏中。典型流场是瞬态流场,即压力、密度和流量等参数都随时间和空间的变化而变化。流体在多孔介质中的瞬态流动由扩散方程的偏微分方程控制,虽然在数学形式上类似于控制固体的热传导或溶质粒子在液体中的扩散方程,但与这些过程不同的是,油藏中的压力扩散在分子尺度上是不受任何潜在随机过程驱动,而只是由达西定律控制。

将达西定律、质量守恒方程以及孔隙中流体压力与储存在多孔岩石中的流体数量之间的关系式相结合,从而推导出压力扩散方程。(令人疑惑的是,以上多孔介质流动的最后一个关系式是在达西定律被发现几十年后才被人们所理解。)

仔细观察式(1.24)等号右端,并运用乘积法则和链式法则求微分,得到:

$$\frac{\partial(\rho\phi)}{\partial t} = \rho\frac{\partial\phi}{\partial t} + \phi\frac{\partial\rho}{\partial t} = \rho\frac{d\phi}{dp}\frac{\partial p}{\partial t} + \phi\frac{d\rho}{dp}\frac{\partial p}{\partial t} = \rho\phi\left[\left(\frac{1}{\phi}\frac{d\phi}{dp}\right) + \left(\frac{1}{\rho}\frac{d\rho}{dp}\right)\right]\frac{\partial p}{\partial t} = \rho\phi(c_\phi + c_f)\frac{\partial p}{\partial t}$$

(1.26)

式中,c_f 表示流体的压缩系数;c_ϕ 表示储层的孔隙压缩系数,也称地层压缩系数。

上述推导是石油工程中的经典推导方法,油藏孔隙度可能发生变化是一个隐含的假设条件,但油藏本身在宏观上是刚性的,当然这在物理上是不一致的。然而,更严格的推导需要考虑岩石变形,但这不在本书的范围内,考虑岩石变形公式的推导可以在马赛(de Marsily)(1986)的专著中找到。

此外,由于流体从油藏中被采出后,油藏在垂向上被压缩,必须指出,孔隙压缩系数项必须在单轴(如垂直)应变条件下计算(Zimmerman,2017b)。

观察式(1.24)的左端,单位面积的体积流量 q 可由达西定律式(1.5)给出,因此式(1.24)的左端可表示为:

$$-\frac{\partial(\rho q)}{\partial x} = -\frac{\partial}{\partial x}\left(\frac{-\rho K}{\mu}\frac{\partial p}{\partial x}\right) = \frac{K}{\mu}\left(\rho\frac{\partial^2 p}{\partial x^2} + \frac{\partial\rho}{\partial x}\frac{\partial p}{\partial x}\right) = \frac{K}{\mu}\left(\rho\frac{\partial^2 p}{\partial x^2} + \frac{d\rho}{dp}\frac{\partial p}{\partial x}\frac{\partial p}{\partial x}\right)$$

$$= \frac{\rho K}{\mu}\left[\frac{\partial^2 p}{\partial x^2} + \left(\frac{1}{\rho}\frac{d\rho}{dp}\right)\left(\frac{\partial p}{\partial x}\right)^2\right] = \frac{\rho K}{\mu}\left[\frac{\partial^2 p}{\partial x^2} + c_f\left(\frac{\partial p}{\partial x}\right)^2\right] \quad (1.27)$$

联立式(1.26)和式(1.27),可得:

$$\frac{\partial^2 p}{\partial x^2} + c_f\left(\frac{\partial p}{\partial x}\right)^2 = \frac{\phi\mu(c_f + c_\phi)}{K}\frac{\partial p}{\partial t} \quad (1.28)$$

对于液体,等式左边的第二项与第一项相比可以忽略不计。为了证明这个推断的正确性,可以利用式(1.16)来证明,通过忽略 x 和 R 之间的差来求解,以得出:

$$c_f\left(\frac{\partial p}{\partial x}\right)^2 \approx c_f\left(\frac{\mu Q}{2\pi KHR}\right)^2 \quad (1.29)$$

$$\frac{\partial^2 p}{\partial x^2} \approx \frac{\mu Q}{2\pi KHR^2} \quad (1.30)$$

$$\Rightarrow 比率 = \frac{c_f\mu Q}{2\pi KH} = \frac{c_f(p_o - p_w)}{\ln(R_o/R_w)} \quad (1.31)$$

对于液体,这些参数的典型值为:

$$c_f \approx 10^{-10}\text{Pa}^{-1}$$

$$p_o - p_w \approx 10\text{MPa} = 10^7\text{Pa}$$

$$\ln(R_o/R_w) \approx \ln(1000\text{m}/0.1\text{m}) = \ln(10^4) \approx 10 \quad (1.32)$$

$$\Rightarrow 比率 = \frac{10^{-10} \times 10^7}{10} = 10^{-4} \ll 1$$

以上例子表明,对于液体,式(1.28)中的非线性项很小,因此在实际油藏中总是可以忽略。然而,对于气体,这一项不能忽略(见第9章)。

因此,压力扩散方程的一维线性化形式可表示为:

$$\frac{\partial p}{\partial t} = \frac{K}{\phi \mu c_t} \frac{\partial^2 p}{\partial x^2} \tag{1.33}$$

其中,储层综合压缩系数 c_t 为:

$$c_t = c_{储层} + c_{流体} = c_\phi + c_f \tag{1.34}$$

压缩系数和孔隙度的乘积 ϕc_t 称为储存系数,不同岩石压缩系数的典型值范围见表1.2。

表1.2　各种岩石类型和油藏流体压缩系数的典型值

岩石(或流体)类型	c, Pa^{-1}	c, psi^{-1}
沙	$10^{-6} \sim 10^{-8}$	$10^{-2} \sim 10^{-4}$
砂岩	$10^{-7} \sim 10^{-9}$	$10^{-3} \sim 10^{-5}$
碳酸盐岩	$10^{-9} \sim 10^{-11}$	$10^{-9} \sim 10^{-11}$
页岩	$10^{-10} \sim 10^{-12}$	$10^{-10} \sim 10^{-12}$
水	5×10^{-10}	3.5×10^{-6}
油	1×10^{-9}	7.0×10^{-6}

对于某些岩石,其孔隙压缩系数与流体可压缩系数相比可以忽略不计,并且储存系数主要由流体压缩系数决定。对于土壤和松散的沙子,情况往往相反。一般来说,总压缩系数中的两项必须都要考虑。

以上阐述的其余部分将用于求解各种情况下的扩散方程。对此,得出如下一般性认识:

(1)控制流体压力在多孔介质中扩散速率的参数是水力扩散系数(m^2/s),其表达式为:

$$D_H = \frac{K}{\phi \mu c_t} \tag{1.35}$$

(2)简单来说,在经过时间 t 后压力波传导的距离 R 为:

$$R = \sqrt{4 D_H t} = \sqrt{\frac{4 K t}{\phi \mu c_t}} \tag{1.36}$$

例如,在 $\phi = 0.2, c_t = 10^{-9} \text{Pa}^{-1}$,渗透率 K 为 100mD,黏度 μ 为 1cP 的油藏中,当流体从井中流入或流出一小时后,压力波传导半径约为85m。

(3)反过来,通过变换式(1.36)可以求出油藏中压力扰动从井通到传导到距离为 R 处所需的时间,为:

$$t = \frac{\mu \phi c_t R^2}{4K} \tag{1.37}$$

(4)压力脉冲遵循扩散方程,而不是波动方程,例如控制地震波的传播。压力脉冲不是以恒定的速度传播,而是以随时间不断减小的速度传播。为了证明这一点,对式(1.36)中的时间进行求导,可以观察到脉冲的速度 dR/dt 以 $t^{-1/2}$ 衰减。

1.7 圆柱坐标下的扩散方程

在石油工程中,通常以流入井的流体为研究对象,在这种情况下,使用圆柱(径向)坐标比使用笛卡儿坐标更方便。

为了推导径向坐标下压力扩散方程的正确形式,在厚度为 H 的均质油藏中,考虑流体以径向对称的方式流向或流出一口垂直井。针对 R 和 $R + \Delta R$ 之间的薄环形区域采用质量守恒的方法(图1.5)。基于式(1.20),用 R 替换 x,并注意,对于环形区域,由几何关系可以得出,$A(R) = 2\pi RH$,因此:

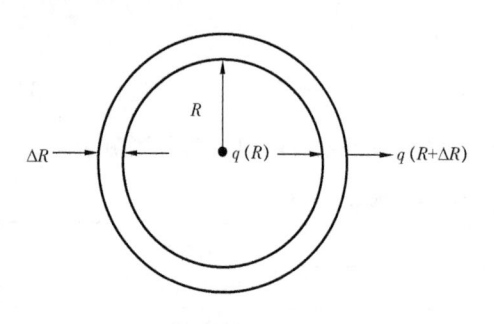

图 1.5 用于推导径向坐标中压力扩散方程的环形区域

$$[2\pi RH\rho(R)q(R) - 2\pi(4 + \Delta R)H\rho(R + \Delta R) q(R + \Delta R)]\Delta t = m(t + \Delta) - m(t) \quad (1.38)$$

综上所述,两边同除以 Δt,使 $\Delta t \to 0$,有:

$$2\pi H[R\rho(R)q(R) - (R + \Delta R)\rho(R + \Delta R)q(R + \Delta R)] = \frac{\partial m}{\partial t} \quad (1.39)$$

等式右端:

$$m = \rho\phi V = \rho\phi 2\pi HR\Delta R \quad (1.40)$$

$$\Rightarrow \frac{\partial m}{\partial t} = \frac{\partial(\rho\phi 2\pi HR\Delta R)}{\partial t} = 2\pi HR\frac{\partial(\rho\phi)}{\partial t}\Delta R \quad (1.41)$$

联立式(1.39)和式(1.41),同除以 ΔR,使 $\Delta R \to 0$,可得:

$$-\frac{\partial(\rho qR)}{\partial R} = R\frac{\partial(\rho\phi)}{\partial t} \quad (1.42)$$

式(1.42)为径向坐标下的质量守恒方程,在线性情况下由式(1.24)给出。
现在,对式(1.12)左侧中的 Q 运用达西定律,并将式(1.26)带入公式右端,则有:

$$\frac{K}{\mu}\frac{\partial}{\partial R}\left(\rho R\frac{\partial p}{\partial R}\right) = \rho\phi(c_f + c_\phi)R\frac{\partial p}{\partial t} \quad (1.43)$$

同理,可得:

$$\frac{1}{R}\frac{\partial}{\partial R}\left(R\frac{\partial p}{\partial R}\right) + c_f\left(\frac{\partial p}{\partial R}\right)^2 = \frac{\phi\mu(c_f + c_\phi)}{K}\frac{\partial p}{\partial t} \quad (1.44)$$

对于液体,再次忽略 $c_f(\partial p/\partial R)^2$ 这一项,从而得到:

$$\frac{\partial p}{\partial t} = \frac{K}{\phi \mu c_t} \frac{1}{R} \frac{\partial}{\partial R}\left(R \frac{\partial p}{\partial R}\right) \tag{1.45}$$

式(1.45)是液体流过多孔岩石的瞬态径向流动的控制方程。该式是一次采油过程中流体流动控制方程，也是试井分析方法的基础，将会在本书的后续章节中研究和分析该式的解。

1.8 多相流控制方程

在以上给出的所有推导中，均假设了岩石的孔隙中充满了单组分或单相流体，但油气藏中通常至少充满了油和水两种组分，并且通常在气相中还含有一些碳氢化合物，因此，在本节内容中，将以一种相当普遍的形式，介绍多相流控制方程。

达西定律可推广到两相流动中，其中包括每个相的相对渗透率参数：

$$q_w = -\frac{KK_{rw}}{\mu_w} \frac{\partial p_w}{\partial x} \tag{1.46}$$

$$q_o = -\frac{KK_{ro}}{\mu_o} \frac{\partial p_o}{\partial x} \tag{1.47}$$

式中，下标 o 和 w 分别表示油相和水相，两个相对渗透率函数 K_{rw} 和 K_{ro} 为假定为相饱和度的已知函数，该函数将在本课程的岩石性质部分详细讨论。

对于一个油水系统，油相和水相饱和度必然满足以下条件：

$$S_w + S_o = 1 \tag{1.48}$$

一般来说，油藏中每个点的两相压力是不同的，如果油藏是亲油的，则两相压力的关系为：

$$p_o - p_w = p_{cap}(S_o) \tag{1.49}$$

其中，毛细管压力 p_{cap} 可由含油饱和度的岩石相关函数给出。此外，关于毛细管压力的进一步讨论，请参见本系列课程中的齐默尔曼(Zimmerman, 2017a)编著的岩石性质专著中的内容。

当某一特定区域内的油的体积等于总孔隙体积乘以含油饱和度时，可直接由式(1.24)得出两相的质量守恒方程，仅在右端储存项中增加相饱和度项：

$$-\frac{\partial(\rho_o q_o)}{\partial x} = \frac{\partial(\phi \rho_o S_o)}{\partial t} \tag{1.50}$$

$$-\frac{\partial(\rho_w q_w)}{\partial x} = \frac{\partial(\phi \rho_w S_w)}{\partial t} \tag{1.51}$$

两相的密度通过状态方程可知与它们各自的相态压力有关：

$$\rho_o = \rho_o(p_o) \tag{1.52}$$

$$\rho_w = \rho_w(p_w) \tag{1.53}$$

在以上式(1.52)和式(1.53)两式的右边，油相和水相的密度是已知压力的函数，为了方便研究,假定温度为常数。

最后,孔隙度必须是两相压力 p_o 和 p_w 的某种函数。尽管这两种压力如何独立影响孔隙度的方式是一个重要而活跃的研究领域。但在油气藏中,对于高度可压缩的油藏,毛细管压力始终远低于 p_o 或 p_w,因此可以认为 $p_o \approx p_w$。在这种情况下,可以使用在单相条件下实验室测试中获得的压力和孔隙度关系,即

$$\phi = \phi(p_o) \tag{1.54}$$

回顾一下式(1.46)至式(1.54),一共包含了9个未知数,在许多情况下,方程能够被简化以便求解。例如,在不混相驱的贝克莱—列维尔特(Buckley - Leverett)问题中[本系列课程第二卷,Blunt,2017],假定流体密度为常数,则毛细管压力为零。

如果流体是微可压缩的,或者如果压力变化很小,则油相的状态方程为:

$$\rho(p_o) = \rho_{oi}[1 + c_o(p_o - p_{oi})] \tag{1.55}$$

同样地,水相是一样的表达形式,下标 i 表示初始状态,压缩系数 c_o 被认为是一个常数。

本 章 问 题

问题1.1 一个厚度为100ft、渗透率为100mD 的油藏,有一口井筒直径为10in 的直井每天生产100bbl 油,油的黏度为0.4cP,若距井筒1000ft 处的压力为3000lbf/in^2,则井筒处的压力为多少?

换算系数如下:

$$1bbl = 0.1589m^3$$

$$1P = 0.1N \cdot s/m^2$$

$$1ft = 0.3048m$$

$$1lbf/in^2 = 6895N/m^2 = 6895Pa$$

问题1.2 对球对称流动的扩散方程进行推导,类似于第1.7节对径向流动的推导。这个方程可用于模拟只有部分井段被射孔的情况,在这种情况下,早期的大规模流场将大致呈球形。那么,推导的结果应该是一个类似于式(1.45)的方程,但等式右端的表达式却有不同,为什么?

第 2 章 无限大储层中直井的线源解

当流体以恒定的速度从均质的、水平无限大的储层中流入一口直井中,如何计算储层中压力分布和井底压力是油藏工程中最基本、最重要的问题之一,同时也是试井分析的基础。为了从数学上简化这个问题,可以假设井筒半径是无穷小的,也就是说井筒本质上可用一条垂直直线表示。本章将推导出这个重要问题的数学解析解。

如果流体是从井筒中注入储层中,这条"线"即为储层流体的注入源,因此,这个问题的解决方法称之为"线源解"。通过适当的符号变化,地层压力分布的求解方法是更常应用于储层中流体产出的情形,在这种情况下,井筒实际上是储层中的一个排液坑道,而不是流体源。但在这两种情况下,通常都可使用"线源解"求解方法。

2.1 线源解的推导

在水平、无限大的均质储层中,单相微可压缩流体流向一口直井的流动问题可以准确地表述如下。

几何结构描述:一口直井完全钻穿一个等厚储层,厚度为 H,且该储层在水平方向上无限向外延伸(无限大)。

储层性质描述:假定储层是各向同性、均质的,即储层性质不随储层压力发生变化(如渗透率、孔隙度等)。

初始和边界条件:储层初始压力相同,从 0 时刻开始,生产井以恒定流量 Q 从井筒中产出流体。

井筒直径:假设井筒直径无限小,求解方法将比考虑井筒直径具有一定尺度的情况更为简化,但是该假设并没有影响推导结果的适用性,如同下面的详细阐述。

求解问题:需要确定储层中所有点的压力,包括井底压力,需要注意的是当生产井产出流体之后,压力可表示为生产时间的函数。

在径向坐标中,该问题的控制微分方程为压力扩散方程,如式(1.45):

$$\frac{\phi \mu c_t}{K} \frac{\partial p}{\partial t} = \frac{1}{R} \frac{\partial}{\partial R}\left(R \frac{\partial p}{\partial R}\right) \tag{2.1}$$

式(2.1)隐含的假设条件如下:

(1)储层是均质且各向同性的,如渗透率 K、孔隙度 ϕ 等参数,不随储层中位置的变化,因此可以认为这些参数是恒定不变的。

(2)储层厚度是等厚的,表明流体流向井点只有水平方向的流动,不存在垂直方向上的流动。

(3)井筒和套管射孔必须钻穿整个储层,如果储层没有完全被钻穿,那么在垂直方向上就会存在流量分量。

(4)流体的压缩性较小,这是将综合压缩系数 $c_t = c_f + c_\phi$ 视为常数的隐含条件。

如果储层是各向异性的,可以通过改变变量来拉伸 X 和 Y 坐标,可以将公式转化为类似式(2.1)的表达形式[见马赛(de Marsily)(1986),178~179页]。

储层非均质性(如渗透率或孔隙度在空间上的变化)将使得数学求解更加复杂,处理非均质储层的方法仍在深入研究,储层厚度的变化在一定程度上类似于渗透率的空间变化。

如果生产井没有钻穿整个储层,那么在垂直方向上存在流动分量。为了解决这个问题,需要在式(2.1)的右边增加一项 $\partial^2 p/\partial z^2$,这个相对复杂问题的求解方法在马赛(de Marsily)(1986,179~190页)的专著中有详细论述。

对于具有较高可压缩性的流体,例如气体,其压缩性将随着压力变化而发生变化,将在本书第9章中详细讨论。

为了求解线源问题或任何偏微分方程,不仅需要一个控制方程,还需要给出初始条件和边界条件。针对以上问题,相应的附加条件包括:

(1)初始条件。当井刚开始生产时,储层不同位置的压力均相同,初始压力为 p_i。

(2)外边界条件。距离井点无限远的边界处,其压力将始终保持为初始压力值 p_i。

(3)内边界条件。在井壁处(假设井径很小),当井投入生产之后,其流量恒定保持为 Q,对于生产井(即从储层中采出流体),流量 Q 为正。

因此,基于以上附加条件可以准确地用数学表达式来描述以上问题,为了表述简单,用 c 替换 c_t,如下所示:

控制偏微分方程

$$\frac{1}{R}\frac{\partial}{\partial R}\left(R\frac{\partial p}{\partial R}\right) = \frac{\phi\mu c}{K}\frac{\partial p}{\partial t} \tag{2.2}$$

初始条件

$$p(R, t = 0) = p_i \tag{2.3}$$

内边界条件

$$\lim_{R \to 0}\left(\frac{2\pi KH}{\mu}R\frac{\partial p}{\partial R}\right) = Q \tag{2.4}$$

外边界条件

$$\lim_{R \to \infty} p(R, t) = p_i \tag{2.5}$$

严格来说,不能将边界条件设置成半径等于0的情况,因为当半径等于0时,式(2.4)中括号内的 R 项变为零,而 $\partial p/\partial R$ 实际上应为无穷大。因此,需要首先将这两个项相乘,然后取"极限"为半径趋向于0。

目前有多种方法可以求解上述方程,本书中采用一种不需要运用拉普拉斯变换、格林函数等高级技巧的求解方法。首先定义一个新的变量 η,它以巧妙的方式结合了空间变量 R 和时间变量 t。这个用于简化扩散方程的"技巧"是由德国物理学家路德维希·波尔兹曼(Ludwig Boltzmann)在1894年发现的,因此被称为玻尔兹曼变换:

$$\eta = \frac{\phi\mu c R^2}{Kt} \tag{2.6}$$

假设压力 p 是单个变量 η 的函数,接下来将式(2.2)用变量 η 进行变形处理,式(2.2)左侧可变换如下:

$$\frac{\partial p}{\partial R} = \frac{\mathrm{d}p}{\mathrm{d}\eta}\frac{\partial \eta}{\partial R} = \frac{2\phi\mu c R}{Kt}\frac{\mathrm{d}p}{\mathrm{d}\eta} = \frac{\phi\mu c R^2}{Kt}\frac{2}{R}\frac{\mathrm{d}p}{\mathrm{d}\eta} = \frac{2\eta}{R}\frac{\mathrm{d}p}{\mathrm{d}\eta} \tag{2.7}$$

值得注意的是,由于 p 是单个变量 η 的函数,导数 $\mathrm{d}p/\mathrm{d}\eta$ 是普通导数而不是偏导数。因此根据式(2.7)可以看出,对 R 的微分相当于对 η 的微分然后乘以 $2\eta/R$。因此,

$$\frac{1}{R}\frac{\partial}{\partial R}\left(R\frac{\partial p}{\partial R}\right) = \frac{1}{R}\frac{2\eta}{R}\frac{\mathrm{d}}{\mathrm{d}\eta}\left(2\eta\frac{\mathrm{d}p}{\mathrm{d}\eta}\right) = \frac{4\eta}{R^2}\frac{\mathrm{d}}{\mathrm{d}\eta}\left(\eta\frac{\mathrm{d}p}{\mathrm{d}\eta}\right) \tag{2.8}$$

式(2.2)右侧可变换如下:

$$\frac{\partial p}{\partial t} = \frac{\mathrm{d}p}{\mathrm{d}\eta}\frac{\partial \eta}{\partial t} = -\frac{\phi\mu c R^2}{Kt^2}\frac{\mathrm{d}p}{\mathrm{d}\eta} = \frac{-\eta}{t}\frac{\mathrm{d}p}{\mathrm{d}\eta}$$

$$\rightarrow \frac{\phi\mu c}{K}\frac{\partial p}{\partial t} = \frac{-\phi\mu c}{K}\frac{\eta}{t}\frac{\mathrm{d}p}{\mathrm{d}\eta} = \frac{-\phi\mu c R^2}{Kt}\frac{\eta}{R^2}\frac{\mathrm{d}p}{\mathrm{d}\eta} = \frac{-\eta^2}{R^2}\frac{\mathrm{d}p}{\mathrm{d}\eta} \tag{2.9}$$

将式(2.8)和式(2.9)代入式(2.2)中得:

$$\frac{\mathrm{d}}{\mathrm{d}\eta}\left(\eta\frac{\mathrm{d}p}{\mathrm{d}\eta}\right) = -\frac{\eta}{4}\frac{\mathrm{d}p}{\mathrm{d}\eta} \tag{2.10}$$

由于该式只包含一个自变量 η,而不是两个自变量 R 和 t,因此式(2.10)是压力 p 作为 η 函数的一个常微分方程(ODE)。

为了使它们应用于函数 $p(\eta)$,还必须转换边界和初始条件。需要注意的是,两个限制 $R\to\infty$ 和 $t\to 0$ 对应于 $\eta\to\infty$。因此,边界条件式(2.3)和初始条件和式(2.5)可变换为:

$$\lim_{\eta\to\infty} p(\eta) = p_\mathrm{i} \tag{2.11}$$

将式(2.7)应用于式(2.4)中导出第二个边界条件:

$$\lim_{\eta\to 0}\left(\frac{4\pi KH}{\mu}\eta\frac{\mathrm{d}p}{\mathrm{d}\eta}\right) = Q$$

$$\rightarrow \lim_{\eta\to 0}\left(\eta\frac{\mathrm{d}p}{\mathrm{d}\eta}\right) = \frac{\mu Q}{4\pi KH} \tag{2.12}$$

综上可知,问题现在转变为一个由式(2.10)至式(2.12)确定的两点常微分方程边值问题。

为了求解这个问题,首先需要注意的是,虽然式(2.10)看起来是 $p(\eta)$ 的二阶微分方程,但它实际上是函数 $\eta(\mathrm{d}p/\mathrm{d}\eta)$ 的一阶方程。若用一个新变量 y 来替代 $\eta(\mathrm{d}p/\mathrm{d}\eta)$,则式(2.10)可写成:

$$\frac{\mathrm{d}y}{\mathrm{d}\eta} = -\frac{y}{4} \tag{2.13}$$

其中

$$y = \eta \frac{\mathrm{d}p}{\mathrm{d}\eta}$$

先将上式分离变量,然后上式两边对 η 从 0 到任意一个值积分:

$$\begin{aligned}&\frac{\mathrm{d}y}{y} = -\frac{\mathrm{d}\eta}{4} \\ &\rightarrow \int_{y(0)}^{y(\eta)} \frac{\mathrm{d}y}{y} = -\int_{0}^{\eta} \frac{\mathrm{d}\eta}{4} \\ &\rightarrow \ln\left[\frac{y(\eta)}{y(0)}\right] = -\frac{\eta}{4} \\ &\rightarrow y(\eta) = y(0)\mathrm{e}^{-\eta/4}\end{aligned} \tag{2.14}$$

需要注意的是,边界条件式(2.12)可变换为:

$$y(0) = \frac{\mu Q}{4\pi KH} \tag{2.15}$$

同样地,式(2.14)可以被变换为:

$$y(\eta) = \frac{\mu Q}{4\pi KH}\mathrm{e}^{-\eta/4} \tag{2.16}$$

根据之前已给出的变换关系: $y = \eta(\mathrm{d}p/\mathrm{d}\eta)$,可以将式(2.16)变换为:

$$\frac{\mathrm{d}p(\eta)}{\mathrm{d}\eta} = \frac{\mu Q}{4\pi KH}\frac{\mathrm{e}^{-\eta/4}}{\eta} \tag{2.17}$$

从而式(2.17)可以直接积分得到 $p(\eta)$,得到的储层压力 $p(\eta)$ 是 η 的函数,同时也是 R 和 t 的函数。由于不知道井筒处的压力,该函数不能从 $\eta = 0$ 处开始积分。但是,由式(2.11)可知 η 为无穷大时的储层压力等于初始储层压力 p_i,因此可以从 $\eta = \infty$ 处开始积分:

$$\begin{aligned}\int_{p_i}^{p(\eta)} \mathrm{d}p &= \int_{\infty}^{\eta} \frac{\mu Q}{4\pi KH}\frac{\mathrm{e}^{-\eta/4}}{\eta}\mathrm{d}\eta \\ \rightarrow p(\eta) &= p_i - \frac{\mu Q}{4\pi KH}\int_{\eta}^{\infty}\frac{\mathrm{e}^{-\eta/4}}{\eta}\mathrm{d}\eta\end{aligned} \tag{2.18}$$

基于之前提出的变量 $\eta = \phi\mu cR^2/Kt$,式(2.18)左边的 η 用 $\phi\mu cR^2/Kt$ 代替,同时等式右边积分的下限也用该式代替,但由于积分 η 只是一个虚拟的合成变量,此下限不在积分范围内:

$$p\left(\frac{\phi\mu cR^2}{Kt}\right) = p_i - \frac{\mu Q}{4\pi KH}\int_{\frac{\phi\mu cR^2}{Kt}}^{\infty}\frac{\mathrm{e}^{-\eta/4}}{\eta}\mathrm{d}\eta \tag{2.19}$$

如定义:$u = \eta/4$,则有:$d\eta/\eta = du/u$,在这种情况下式中的被积函数可以被简化,其下限变为 $u = \phi\mu cR^2/4Kt$,有:

$$p\left(\frac{\phi\mu cR^2}{4Kt}\right) = p_i - \frac{\mu Q}{4\pi KH}\int_{\frac{\phi\mu cR^2}{4Kt}}^{\infty}\frac{e^{-u}}{u}du \qquad (2.20)$$

式(2.20)中的积分是"幂积分函数",定义可参见马修斯(Matthews)和拉塞尔(Russell)(1967)所编著的《井筒压力恢复和流量试井》一书中第131页。

$$-\text{Ei}(-x) = \int_x^{\infty}\frac{e^{-u}}{u}du \qquad (2.21)$$

遗憾的是,这个函数早在首次被用来解决无限大储层中井的问题之前就被数学家们定义了,因此它包含了两个无关的负号,但是目前这一用法已经成为惯例。

式(2.20)和式(2.21)给出了压力与井的径向距离和生产时间的函数关系。该求解方法首先由美国水文学家查尔斯·席斯(Charles Theis)在1935年提出,虽然并没有使用与前者一致的数学方法进行求解,但线源解仍通常被称为席斯解。

将这个问题的求解方法归纳总结如下:

$$p(R,t) = p_i + \frac{\mu Q}{4\pi KH}\text{Ei}(-x) \qquad (2.22)$$

其中

$$-\text{Ei}(-x) = \int_x^{\infty}\frac{e^{-u}}{u}du \qquad (2.23)$$

并且

$$x = \phi\mu cR^2/4Kt \qquad (2.24)$$

下文给出了储层中某些位置的压力数值计算结果。假设想要计算距离点汇一定距离 R 在生产一段时间 t 之后的压力,则首先使用 R 和 t 的值来计算式(2.24)中的 x;然后根据幂积分函数表或图中查找对应的 $-\text{Ei}(-x)$ 的值(见下文);最后代入式(2.22)中可以计算出距点汇 R 处 t 时刻的压力。

更普遍的情况是,自井投产之后距井一定距离、井筒内任意时刻的压力数据是能够被测量记录的,压力是生产时间的函数。将测量得到的压力数据代入解析解中,可用来对储层的物性参数进行拟合解释。这个拟合解释过程将在深入理解线源解的求解方法之后更加详细的论述。

值得注意的是,为了计算出井筒处的压力,只需将 $R = R_w$ 代入式(2.22)至式(2.24)中。这是因为,$R = R_w$ 恰好对应于储层中位于井筒壁处的点,而该处的压力必然与井筒中流体压力相同。

表2.1展示了Ei函数的数值,该表摘自马赛(De Marsily)的《定量水文地质学》例如,如果 $x = 5 \times 10^{-7}$,则 $-\text{Ei}(-x) = 13.93$。

表 2.1 幂积分函数 $[-\mathrm{Ei}(-x)]$

x	1	2	3	4	5	6	7	8	9
×1	0.219	0.049	0.013	0.0038	0.0011	3.6×10^{-4}	1.2×10^{-4}	3.8×10^{-5}	1.2×10^{-5}
$\times10^{-1}$	1.82	1.22	0.91	0.70	0.56	0.45	0.37	0.31	0.26
$\times10^{-2}$	4.04	3.35	2.96	2.68	2.47	2.30	2.15	2.03	1.92
$\times10^{-3}$	6.33	5.64	5.23	4.95	4.73	4.54	4.39	4.26	4.14
$\times10^{-4}$	8.63	7.94	7.53	7.25	7.02	6.84	6.69	6.55	6.44
$\times10^{-5}$	10.94	10.24	9.84	9.55	9.33	9.14	8.99	8.86	8.74
$\times10^{-6}$	13.24	12.55	12.14	11.85	11.63	11.45	11.29	11.16	11.04
$\times10^{-7}$	15.54	14.85	14.44	14.15	13.93	13.75	13.60	13.46	13.34
$\times10^{-8}$	17.84	17.15	16.74	16.46	16.23	16.05	15.90	15.76	15.65
$\times10^{-9}$	20.15	19.45	19.05	18.76	18.54	18.35	18.20	18.07	17.95
$\times10^{-10}$	22.45	21.76	21.35	21.06	20.84	20.66	20.50	20.37	20.25
$\times10^{-11}$	24.75	24.06	23.65	23.36	23.14	22.96	22.81	22.67	22.55
$\times10^{-12}$	27.05	26.36	25.96	25.67	25.44	25.26	25.11	24.97	24.86
$\times10^{-13}$	29.36	28.66	28.26	27.97	27.75	27.56	27.41	27.28	27.16
$\times10^{-14}$	31.66	30.97	30.56	30.27	30.05	29.87	29.71	29.58	29.46
$\times10^{-15}$	33.96	33.27	32.86	32.58	32.35	32.17	32.02	31.88	31.76

2.2 无量纲压力和时间

虽然压力似乎由许多变量和参数决定,但在线源解求解方法中实际上只有两个独立的无量纲数学变量。这可以通过无量纲分析的 p_i 定理证明,或者可以直接从式(2.22)至式(2.24)中得出。

一般来说,这两个变量被定义为无量纲时间和无量纲压降。

$$t_\mathrm{D} = \frac{Kt}{\phi\mu cR^2} \tag{2.25}$$

$$\Delta p_\mathrm{D} = \frac{2\pi KH(p_\mathrm{i}-p)}{\mu Q} \tag{2.26}$$

根据时间和压降这两个参数的无量纲量,线源解可以得到如下形式(图2.1):

$$\Delta p_\mathrm{D} = -\frac{1}{2}\mathrm{Ei}(-1/4t_\mathrm{D}) \tag{2.27}$$

回想一下,线源解允许我们计算储层中任意距离点汇半径 R 处的压力。因此,根据上述定义,在油藏的任意位置 R 处,无量纲时间是不同的。然而,最常见的情况是,我们关注的是井筒压力,此时令 $R=R_\mathrm{w}$,且井的无量纲时间可由 $t_\mathrm{Dw}=Kt/(\phi\mu cR_\mathrm{w}^2)$ 给出。

无量纲变量的有用之处在于能够使压降以一种适用于所有储层的形式来绘制和讨论,而

$$\Delta p_D = 2\pi KH(p_i-p)/\mu Q$$
$$t_D = Kt/\phi\mu cR^2$$

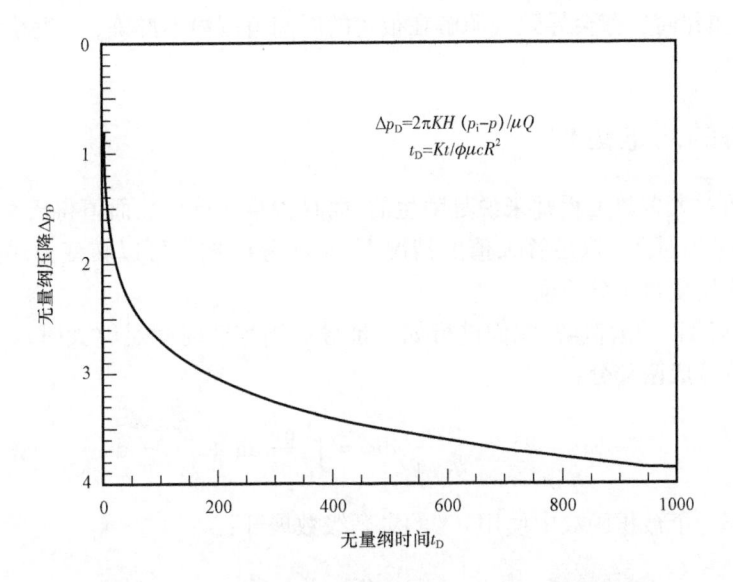

图 2.1 基于无量纲时间和无量纲压降表示的线源解

不受渗透率、孔隙度等具体数值的限制。而后面的这些参数可以由无量纲变量的定义来解释。

需要注意的是,据式(1.37)所示,距点汇中心 R 处的无量纲时间除以常数 4 等于实际压力波传导所需的时间 t,也就是将压力脉冲峰值从点汇向径向位置 R 传播所需的时间归一化。因此,$4t_D \ll 1$ 对应于压力脉冲尚未到达半径 R 处的时间,而 $4t_D \gg 1$ 对应于压力脉冲已经传播到超过储层中距离点汇半径 R 的距离。

2.3 线源解的适用范围

井眼半径在实际情况下肯定是不为零的,而在线源解中假定井眼半径为"零"。这在实践运用中是否会造成问题呢？值得庆幸的是并不会。就如同线源解所预测的,只要压力脉冲的"传导半径"大于实际井眼半径 R_w,则可运用线源解,这个结论是合理的,并且可以通过求小井径扩散方程的解来严格证明(将在书中第 6 章进行介绍)。

根据式(1.37),从假设 $R=0$ 的"无限小"井筒开始,压力脉冲传导较小的一段距离 R_w 所需的时间是:

$$t > \frac{\phi\mu cR_w^2}{4K} \tag{2.28}$$

如果计算参数采用一些"典型"数值,如孔隙度 $\phi = 0.2$(典型储层值),流体黏度 $\mu = 0.001\text{Pa}\cdot\text{s}$(液态烃的数量级),压缩系数 $c = 10^{-10}\text{Pa}^{-1}$(液态烃的合理值),井眼半径 $R_w = 0.1\text{m}$(典型钻孔的数量级),渗透率 $K = 10^{-14}\text{m}^2$(10mD,虽然值略低但是可能存在的),那么式(2.28)预测的线源解近似值在经过一段仅为 0.005s 的时间后会变为有效。

根据式(2.25)定义的无量纲时间,式(2.28)给出的条件等价于 $t_{Dw} > 0.25$,下标 w 表示这是相对于井筒的无量纲时间,其中 $R = R_w$。

综上所述,"无限小井筒半径"的数学假设并不会影响线源近似解的有效性。但是,其他的物理效应,例如井筒贮存会导致线源解在很短的时间范围内不准确,本书第 5 章中将详细讨论这些影响因素。

2.4　线源解的对数近似

幂积分函数对大多数工程师来说是陌生的,而且很难计算。然而值得庆幸的是,对于足够小的 x 值,也就是当时间 t 取足够大值的情况下,幂积分函数基可以转变为对数函数,这将使得幂积分函数应用变得十分简便。

为了得出"晚期"的近似解,我们进行如下推导。当生产时间足够大时,x 值将变得很小,于是可以将积分分成两部分:

$$-\text{Ei}(-x) = \int_x^\infty \frac{e^{-u}}{u} du = \int_x^1 \frac{e^{-u}}{u} du + \int_1^\infty \frac{e^{-u}}{u} du \tag{2.29}$$

在右边的第一个被积函数中使用 e^{-u} 的泰勒级数展开:

$$\int_x^1 \frac{e^{-u}}{u} du = \int_x^1 \frac{1 - \frac{u}{1!} + \frac{u^2}{2!} - \frac{u^3}{3!} + \cdots}{u} du \tag{2.30}$$

将式(2.30)右侧的积分分解成一系列积分,并逐项求数值:

$$\int_x^1 \frac{e^{-u}}{u} du = \int_x^1 \frac{1}{u} du - \frac{1}{1!} \int_x^1 du + \frac{1}{2!} \int_x^1 u du + \frac{1}{3!} \int_x^1 u^2 du - \cdots$$

$$= \ln u \big|_x^1 - u \big|_x^1 + \frac{1}{2!} \frac{u^2}{2} \big|_x^1 - \frac{1}{3!} \frac{u^3}{3} \big|_x^1 + \cdots$$

$$= (\ln 1 - \ln x) - (1 - x) + \frac{1}{2!2}(1 - x^2) - \frac{1}{3!3}(1 - x^3) + \cdots$$

$$= -\ln x + x - \frac{1}{2!2}x^2 + \frac{1}{3!3}x^3 + \cdots - \left(1 - \frac{1}{2!2} + \frac{1}{3!3} + \cdots\right) \tag{2.31}$$

把这个结果代入式(2.29)中可得到:

$$-\text{Ei}(-x) = -\ln x - \ln \gamma + x - \frac{1}{2!2}x^2 + \frac{1}{3!3}x^3 + \cdots \tag{2.32}$$

其中

$$\ln \gamma = \left(1 - \frac{1}{2!2} + \frac{1}{3!3} + \cdots\right) - \int_1^\infty \frac{e^{-u}}{u} du$$

式(2.32)看起来十分复杂,但其实关键的一点是 $\ln \gamma$ 是一个与变量 x 无关的常数,因此我们可以一劳永逸地用其数值来代替它:

$$\ln \gamma = \ln(1.781) = 0.5772 \tag{2.33}$$

值得注意的是,在一些石油工程文献中,γ 和 $\ln \gamma$ 有时被称为"欧拉数",因此在阅读其他论文和专著时必须密切关注。虽然大多数数学家使用 γ 来表示数值 0.5772,但在本书的注释中,γ 总是表示数值 1.781。

实际上,如果能找到可以忽略幂级数项的条件,就可以进一步简化式(2.32)。在这种情况下,式中将只剩下一个对数项和一个常量。首先,基于之前推导的内容,t 的值足够大时等同于 x 的值非常小,因此存在:

$$x - \frac{1}{2!2}x^2 + \frac{1}{3!3}x^3 + \cdots < x \tag{2.34}$$

如果希望幂级数项比 γ 小两个数量级,它本身大约是 1 的数量级,那么就需要:

$$x = \frac{\phi\mu c R^2}{4Kt} < 0.01 \to \frac{Kt}{\phi\mu c R^2} > 25 \tag{2.35}$$

综上,若无量纲时间大于 25,那么由式(2.22)和式(2.32)可以得到:

$$p(R,t) = p_i + \frac{\mu Q}{4\pi KH}(\ln x + \ln\gamma)$$

$$\to p(R,t) = p_i + \frac{\mu Q}{4\pi KH}\ln(x\gamma)$$

$$\to p(R,t) = p_i + \frac{\mu Q}{4\pi KH}\ln\left(\frac{\phi\mu c R^2 \gamma}{4Kt}\right) \tag{2.36}$$

$$\to p(R,t) = p_i - \frac{\mu Q}{4\pi KH}\ln\left(\frac{4Kt}{\phi\mu c R^2 \gamma}\right)$$

$$\to p(R,t) = p_i - \frac{\mu Q}{4\pi KH}\ln\left(\frac{2.246Kt}{\phi\mu c R^2}\right)$$

$$\to p(R,t) = p_i - \frac{\mu Q}{4\pi KH}\left[\ln\left(\frac{Kt}{\phi\mu c R^2}\right) + 0.80907\right] \tag{2.37}$$

式(2.36)中给出的形式多用于地下水的水文地理学中,称作雅各布近似;而式(2.37)的等价形式多用于石油油藏工程中,称为对数近似。

通过比较式(2.37)和式(2.25)至式(2.27),可以得出对数近似的无量纲形式:

$$\Delta p_D = \frac{1}{2}(\ln t_D + 0.80907) \tag{2.38}$$

对于重要的无量纲时间,其对数近似解是非常精确的。从图 2.2 中可以看出,对数近似的有效性范围与式(2.35)中给出的准则一致。

以上两种方法都适用于无量纲时间 t_D 大于 25 的情况。虽然较小的无量纲时间 t_D 值不重要,如果想要计算离井很远的地方的压降,就需要它们。然而,对于 $t_D < 1$ 的取值情况,对数近似实际上是非常不准确的。这一个结论可以根据式(2.37)计算无量纲时间 $t_D = 0.25$ 的值并将结果与表 2.1 中相应结果进行比较而得出。

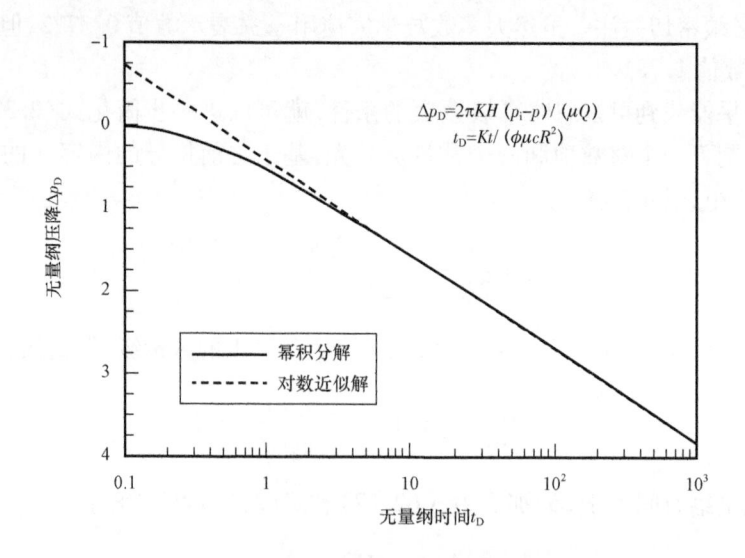

图 2.2 对数近似解与幂积分解的比较

2.5 注入流体的瞬时脉冲

通过考虑在非常短的时间内向井中注入有限数量的流体的问题，可以深入了解流体在多孔介质中的扩散特性。这个问题还引入了叠加的重要概念，相关内容将在第 3 章进行更全面的阐述。

需要注意的是，除符号外，"注入"流体的问题在数学上与"生产"流体的问题是等价的，但在注入过程中，可能更容易看到正向压力脉冲传播到油藏中，而不是"负"压力脉冲在生产过程中传播到油藏中。

如果流体在时间 $t=0$ 时开始以流量 $Q(\mathrm{m}^3/\mathrm{s})$ 注入，那么根据式(2.22)可以得出储层中距离点汇 R 处的压力分布：

$$p(R,t) = p_\mathrm{i} + \frac{\mu Q}{4\pi KH}\int_x^\infty \frac{\mathrm{e}^{-u}}{u}\mathrm{d}u; x = \mu c R^2/(4Kt) \tag{2.39}$$

式中，t 是自井开始注入后的任一时刻，流量 Q 在此定义为正数。由于是注入而不是产出流体，储层中的压力应大于初始储层压力，故符号"+"出现在式(2.39)中。

假设流体在一小段时间 δt 后停止注入，即相当于从 $t=0$ 开始以 Q 的流量注入储层，然后从时间 δt 后开始以 Q 的流量产出流体(换一种说法，即以流量 $-Q$ 注入)。基于这种虚拟假设的产出，储层中的压力变化将由同一线源解给出，另外：

(1) 当井是产出流体的情形，必须在积分前面使用"-"号；

(2) 如果时间 t 是自注入开始以来经过的时间，那么 $t-\delta t$ 将是自虚拟产出流体开始以来经过的时间(即实际注入结束以后)。

因此，距储层点汇 R 距离处和 t 时刻的压力的完整表达式为：

$$p(R,t) = p_\text{i} + \frac{\mu Q}{4\pi KH}\int_{x=\frac{\phi\mu cR^2}{4Kt}}^{\infty}\frac{\text{e}^{-u}}{u}\text{d}u - \frac{\mu Q}{4\pi KH}\int_{x=\frac{\phi\mu cR^2}{4K(t-\delta t)}}^{\infty}\frac{\text{e}^{-u}}{u}\text{d}u$$

$$= p_\text{i} + \frac{\mu Q}{4\pi KH}\int_{x=\frac{\phi\mu cR^2}{4Kt}}^{x=\frac{\phi\mu cR^2}{4K(t-\delta t)}}\frac{\text{e}^{-u}}{u}\text{d}u \tag{2.40}$$

但是如果 δt 很小，那么在式(2.40)右边积分中两个积分的上下限非常接近，将可以使用以下近似值：

$$\int_{x_1}^{x_2}f(x)\text{d}x \approx f(x_1)(x_2 - x_1) \tag{2.41}$$

在本例中给出了：

$$p(R,t) \approx p_\text{i} + \frac{\mu Q}{4\pi KH}\cdot\frac{4Kt}{\phi\mu cR^2}\cdot\text{e}^{-\frac{\phi\mu cR^2}{4Kt}}\cdot\left[\frac{\phi\mu cR^2}{4K(t-\delta t)} - \frac{\phi\mu cR^2}{4Kt}\right]$$

$$\approx p_\text{i} + \frac{\mu Q}{4\pi KH}\cdot\frac{4Kt}{\phi\mu cR^2}\cdot\text{e}^{-\frac{\phi\mu cR^2}{4Kt}}\cdot\frac{\phi\mu cR^2\delta t}{4Kt^2} \tag{2.42}$$

$$\approx p_\text{i} + \frac{\mu Q\delta t}{4\pi KHt}\text{e}^{-\frac{\phi\mu cR^2}{4Kt}}$$

由于 $Q(\text{m}^3/\text{s})$ 是注入流量，δt 是注入的持续时间，因此注入流体的总体积是 $Q\cdot\delta t$，此后将其表示为 Q^*，单位为 m^3。

假设现在在距离井眼一定距离 R 处监测压力，例如，在观测井中使用压力计。式(2.42)表明距离 R 处的储层压力为两个项的乘积，这两个项分别为：一个指数项，随着 t 的增大而增大，当 $t\to\infty$ 时趋于 1；另外一项是与 $1/t$ 成正比的项，当 $t\to\infty$ 时衰减为零。以上递增项和递减项的乘积创建了一个函数，该函数一开始先随时间增加，然后开始随时间减小，如图 2.3 所示。

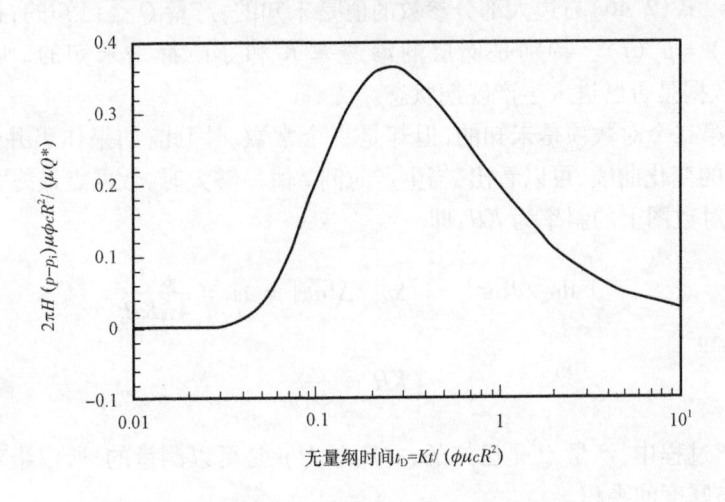

图 2.3 由注入流体脉冲引起的压力恢复

通过储层距点汇 R 距离处压力增加达到其最大值的时间来确定"压力脉冲传播到距离 R 处的时间"似乎是合理的。可通过在式(2.42)中假设 $p/t=0$ 可以求出这个时间：

$$\left.\frac{\partial p}{\partial t}\right|_R = \frac{\mu Q^*}{4\pi KH}\left(\frac{-1}{t^2} + \frac{\phi\mu cR^2}{4Kt^3}\right)e^{-\frac{\phi\mu cR^2}{4Kt}} \tag{2.43}$$

$$\left.\frac{\partial p}{\partial t}\right|_R = 0 \Rightarrow t = \frac{\phi\mu cR^2}{4K} \tag{2.44}$$

以上阐述了式(1.37)的推导过程。

2.6 压降试井计算储层渗透率和储存系数

在本书2.1节至2.4节中,已经推导了线源解,并阐述了如何根据给定的油藏性质,用该方法来计算压降。但是,这个解以及将在后面章节中推导的其他情形的解,最常用的是反问题求解:

如根据实测的井筒压力,结合数学模型及求解方法,来计算储层的渗透率、孔隙度等储层物性参数。

这个分析过程及方法(即试井分析)是本硕士课程后续模块的主要内容。现在,通过一个简单的实例,看看如何通过压降试井来计算储层渗透率。

根据式(2.36),在生产晚期状态下,有:

$$p(R,t) = p_i - \left(\frac{\mu Q}{4\pi KH}\right)\ln\left(\frac{2.246Kt}{\phi\mu cR^2}\right) \tag{2.45}$$

在井壁处:

$$p(R_w,t) = p_i - \left(\frac{\mu Q}{4\pi KH}\right)\left[\ln t + \ln\left(\frac{2.246K}{\phi\mu cR_w^2}\right)\right] \tag{2.46}$$

一般情况下,式(2.46)右边大部分参数的值是未知的,产量 Q 是已知的,井底压力是时间的函数,$p(R_w,t) = p_w(t)$。特别是储层的渗透率 K 和 $\phi\mu c$ 都是未知的,所以不能使用式(2.35)来确定数据是否已进入生产晚期状态。

然而,虽然第二个对数项是未知的,但却是一个常数。因此,如果作出井底压力 $p_w(t)$ 和半对数时间 $\ln t$ 的变化曲线,可以看出,当生产时间 t 值足够大时,数据点最终会落在一条直线上,这条线在半对数图上的斜率为 KH,即

$$|\mathrm{d}p_w/\mathrm{d}\ln t| = |\Delta p_w/\Delta \ln t| = m = \frac{\mu Q}{4\pi KH} \tag{2.47}$$

$$\rightarrow KH = \frac{\mu Q}{4\pi m} \tag{2.48}$$

在实际生产过程中,产量 Q 是已知的,井底压力 p 是可以测量的,所以半对数曲线的斜率 m 即为渗透率与厚度的乘积。

需要注意的是该方法不能区分出渗透率和厚度各自的影响。例如,渗透率较低的厚储层与渗透率较高的薄储层具有相同的压降。

现在,让我们举一个简单的例子来学习如何通过压降试井来计算储层的渗透率。

例 2.1 一口井筒半径为 4in 的井,部署在厚度为 15ft 的储层中,原油黏度为 0.3cP,保持 200bbl/d 的恒定产量。井筒压力随时间变化的函数关系已由表 2.2 给出,使用"半对数直线法"计算储层渗透率 K。

表 2.2 储层渗透率计算所需的压降数据

t, min	1	5	10	20	30	60
p_w, psi	4740	4667	4633	4596	4573	4535

(1) 绘制井筒压力与对数时间的关系曲线,如图 2.4 所示。

(2) 画出后期的回归直线,并求其斜率:

$$m = |\Delta p / \Delta \ln t| = (4760 - 4510)/(2 \times 2.303) = 54.3 \text{psi}$$

$$= 54.3 \text{psi} \times 6895 \text{Pa/psi} = 374400 \text{Pa}$$

注:$\Delta \ln t$ 将会具有相同的值,与时间所用的单位无关。

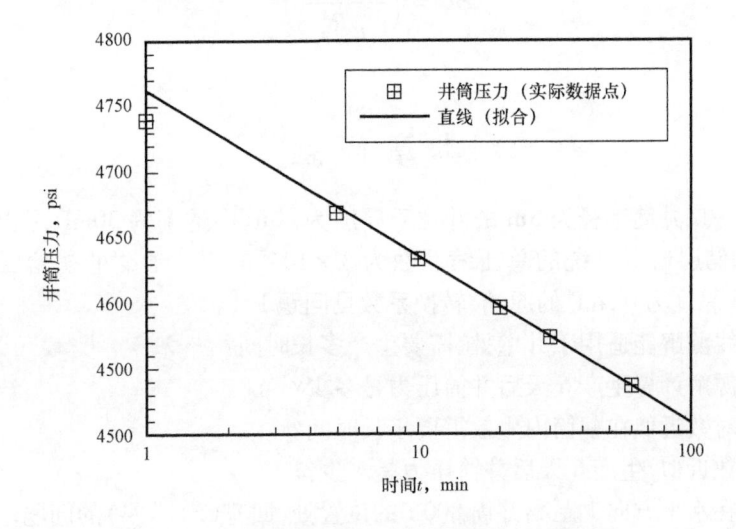

图 2.4 压降试井计算储层渗透率的半对数直线

(3) 由式(2.48)计算渗透率 K,首先将所有数据转换成国际单位:

$$\mu = 0.3 \text{cP} \times 0.0001 \text{Pa} \cdot \text{s/cP} = 0.0003 \text{Pa} \cdot \text{s}$$

$$Q = 200 \text{bbl/d} \times (0.1589 \text{m}^3/\text{bbl}) \times (\text{d}/24\text{h}) \times (\text{h}/3600\text{s}) = 3.68 \times 10^{-4} (\text{m}^3/\text{s})$$

$$H = 15 \text{ft} \times 0.3048 \text{m/ft} = 4.572 \text{m}$$

$$\rightarrow K = \mu Q/(4\pi m H) = [(0.0003 \text{Pa} \cdot \text{s}) \times (3.68 \times 10^{-4} \text{m}^3/\text{s})]/4\pi(4.572 \text{m}) \times (374400 \text{Pa})$$

$$= 5.13 \times 10^{-15} \text{m}^2 \times 1 \text{mD}/(0.987 \times 10^{-15} \text{m}^2) = 5.1 \text{mD}$$

我们也可以用半对数曲线图计算井筒存储项,ϕc。要明白计算的具体过程,首先要注意在 p_w 与 $\ln t$ 的半对数图中,有两条渐近线(参见图 2.2)。在前期,$p_w = p_i$(即水平线)。根据式(2.47),在生产后期,p_w 作为 $\ln t$ 的函数向下倾斜。这两条直线在什么时候会相交?只有当 p_w

(早期 t 渐近线) $= p_w$(晚期 t 渐近线)时，即：

$$p_i = p_i - \left(\frac{\mu Q}{4\pi KH}\right)\ln\left(\frac{2.246Kt^*}{\phi\mu cR_w^2}\right)$$

$$\rightarrow \ln\left(\frac{2.246Kt^*}{\phi\mu cR_w^2}\right) = 0$$

$$\rightarrow \left(\frac{2.246Kt^*}{\phi\mu cR_w^2}\right) = 1$$

$$\rightarrow t^* = \left(\frac{\phi\mu cR_w^2}{2.246K}\right)$$

可以反求出井筒存储项：

$$\phi c = \left(\frac{2.246Kt}{\mu R_w^2}\right) \tag{2.49}$$

本章问题

问题2.1 一口井筒半径为3in的井位于厚度为40ft、渗透率为30mD、孔隙度为0.20的储层中。原油和储层岩石系统的总压缩系数为 $3 \times 10^{-5} \text{psi}^{-1}$。油藏的初始压力是2800psi。该井日产448bbl黏度为0.4cP的原油，转换系数见问题1.1。

(1) 为了使线源解能适用于井壁处，需要生产多长时间？
(2) 根据线源解计算生产6天后井筒压力是多少？
(3) 雅各布对数近似在井筒内生效需要多长时间？
(4) 根据对数近似，生产6天后井筒压力是多少？
(5) 储层中在水平方向上距离井筒800ft的位置处，回答(2)~(4)的问题。

问题2.2 一口井筒半径为0.3ft的油井位于一个20ft厚的油藏中，每天产出200bbl黏度为0.6cP的原油。井筒压力由下表给出。根据2.6节中描述的半对数方法计算储层的渗透率和储集能力。

t, min	1	5	10	20	60	120	480	1440	2880	5760
p_w, psi	4000	3943	3938	3933	3926	3921	3911	3904	3899	3894

第3章 压力叠加原理和压力恢复试井

在试井过程中,油井的工作方式可以是生产一段时间后,然后"关井",也可设置成在不同的流量条件下生产,以获得可用于确定各种储层性质的数据。当油井以不同的流量生产,可以得到一些复杂的压力信号。本章将介绍压力叠加原理,并阐述如何利用叠加原理来分析获得的复杂压力信号的方法,从而帮助计算出如渗透性和储集性等重要储层性质的参数。

3.1 线性与叠加原理

控制单相可压缩液体通过多孔介质流动的压力扩散方程的一个重要的基本性质是它的线性关系。线性是任何微分方程都能具有的最重要和最有用的性质,因为它允许使用叠加原理来求解方程。已有的求解微分方程的分析方法,如拉普拉斯变换、格林函数、特征函数展开式等,实际上只适用于求解线性微分方程。

以上分析方法将在本书的后面部分进行一定程度的论述。本节将讨论叠加原理的一种简单形式,这将有助于解决许多重要的油藏工程问题,如压力恢复试井。

扩散方程是一个典型的线性偏微分方程,方程中两个微分算子都是线性算子。形式上,作用于函数 F 的微分算子 M 是线性的,如果它有以下两个性质:

$$M(F_1 + F_2) = M(F_1) + M(F_2) \tag{3.1}$$

$$M(cF_1) = cM(F_1) \tag{3.2}$$

式中,F_1 和 F_2 是任意两个可微函数,c 是任意常数。偏微分的过程是一个线性运算,由于:

$$\frac{\mathrm{d}}{\mathrm{d}t}[p_1(R,t) + p_2(R,t)] = \frac{\mathrm{d}p_1(R,t)}{\mathrm{d}t} + \frac{\mathrm{d}p_2(R,t)}{\mathrm{d}t} \tag{3.3}$$

$$\frac{\mathrm{d}}{\mathrm{d}t}[cp_1(R,t)] = c\frac{\mathrm{d}p_1(R,T)}{\mathrm{d}t} \tag{3.4}$$

根据定义,可以看出式(1.45)是一个线性偏微分方程。如果扩散系数方程中出现的参数(如 ϕ,c,u 和 K)是常数,则会出现这种情况;但是如果这些参数随位置或时间变化,虽然求解难度增大,但是控制方程仍然是线性的(见1.8节)。

然而,如果其中任意一个参数是压力的函数,那么扩散方程就不再是线性的。例如对于气体流动,这种情况下压缩系数随压力而变化,其压缩性随压力变化而变化(见第9章)。同时对于渗透率随压力变化的"应力敏感"储层也是如此。

一个简单的经验法则是:如果微分方程包含一个因变量(在本书的例子中是压力 p)或因变量的任何导数的幂次大于1,或彼此相乘,那么它就是非线性的。例如 $M = \Delta p (\mathrm{d}p/\mathrm{d}t)$ 就是一个非线性算子,因为它违反了条件式(3.1):

$$M\{p_1 + p_2\} = (p_1 + p_2)\frac{\mathrm{d}(p_1 + p_2)}{\mathrm{d}t}$$

$$= (p_1 + p_2)\left[\frac{\mathrm{d}p_1}{\mathrm{d}t} + \frac{\mathrm{d}p_2}{\mathrm{d}t}\right]$$

$$= p_1\frac{\mathrm{d}p_1}{\mathrm{d}t} + p_2\frac{\mathrm{d}p_1}{\mathrm{d}t} + p_1\frac{\mathrm{d}p_2}{\mathrm{d}t} + p_2\frac{\mathrm{d}p_2}{\mathrm{d}t} \tag{3.5}$$

$$= M\{p_1\} + M\{p_2\} + p_1\frac{\mathrm{d}p_2}{\mathrm{d}t} + p_2\frac{\mathrm{d}p_1}{\mathrm{d}t}$$

$$\to M\{p_1 + p_2\} \neq M\{p_1\} + M\{p_2\}!$$

线性的重要性在于它允许通过将之前的已知解相加,为扩散方程提出新解。但是,必须注意初始条件和边界条件。例如,如果 p_1 和 p_2 是两个压力函数,分别满足扩散方程式(2.2)和初始条件式(2.3),那么 p_1 和 p_2 的和也满足扩散方程,但不满足初始条件,因为:

$$p_1(R, t=0) + p_2(R, t=0) = p_i + p_i = 2p_i \tag{3.6}$$

这种问题可以通过处理压降而不是实际的压力来解决,扩散方程的线性特征暗示着压降 $[\Delta p = p_i - p(R,t)]$ 与压力 $[p(R,t)]$ 本身类似满足相同的扩散方程,因为例如:

$$\frac{\mathrm{d}[p - p(R,t)]}{\mathrm{d}t} = \frac{\mathrm{d}p}{\mathrm{d}t} - \frac{\mathrm{d}p(R,t)}{\mathrm{d}t} = -\frac{\mathrm{d}p(R,t)}{\mathrm{d}t} \tag{3.7}$$

根据定义,如果压降满足零初始条件,那么式(3.6)表明两个压降函数的和也将满足正确的初始条件(即当生产时间 t 为 0 时压降必须也为零)。类似地,远离井点的无穷远处的压降也为零,所以如果两个压降函数能够满足无穷远处的边界条件,那么它们的和也能够满足远离井点的边界条件。

3.2 无限大储层压力恢复试井

在压力恢复试井中,一口井以恒定的产量 Q 生产一段时间后关井(即停止生产)。然后,由于储层内仍存在一定的压力梯度,储层中的流体将继续向井筒内流动,但是无法从井口流出。因此,井底压力会逐渐恢复至油藏的初始压力 p_i。该井的压力恢复速率可用于估算储层的传导率、地层系数 KH 和初始压力 p_i。

压力恢复试井的分析是基于上一节讨论的叠加原理,并进行如下分析:首先,假设油井在初始时刻($t=0$)以产量 Q 生产,在这种情况下,由于油井生产而引起的压力下降是:

$$\Delta p_1 = p_i - p_1(R, t) = -\frac{\mu Q}{4\pi KH}\mathrm{Ei}\left(\frac{-\phi\mu c R^2}{4Kt}\right) \tag{3.8}$$

现在考虑以下的虚拟问题,在某一时刻 t_i 在该井的原井位处增加一口虚拟注入井以注入量 Q 向地层中注入流体。由于注入流体而引起的压力变化可由相同的线源解给出,除了:

(1)在线源解中用来表示"经过时间"的变量必须从注入开始就计时,即变量必须是 $(t - t_i)$。

(2)因为增加的虚拟井是一口注入井,而不是生产井,公式中表示流量的符号 Q 前必须增加一个负号。因此,虚拟井注入引起的压力变化为:

$$\Delta p_2 = p_i - p_2(R,t) = \frac{\mu Q}{4\pi KH} \text{Ei}\left[\frac{-\phi\mu c R^2}{4K(t-t_1)}\right] \tag{3.9}$$

注:对于如式(3.9)形式一样的所有方程,可以看出当括号中的项为正时,即 $t < t_i$ 时,幂积分函数 Ei(·)的值为零。

然后把生产井和注入井引起压力变化的两个解(压降而不是压力本身)进行叠加,得出 $\Delta p = \Delta p_1 + \Delta p_2$(注意用插入公式)。根据前一节的讨论,这个复合函数也是压力扩散方程的解。但是,需要注意的是:

(1)当生产时间 t 小于 t_1 时,表明虚拟注入井还未投产,复合函数的压降仅由生产井的产量 Q 控制,可用式(3.8)计算:

(2)当生产时间 t 大于 t_1 时,复合函数的压降由产量为 Q 的生产井和注入量也为 Q 的虚拟注入井同时控制,也就是说,压力变化既不是受一口生产井控制,也不是一口注入井控制。

(3)因此,采用两个压力函数叠加的方法解决了油井生产一段时间后关井的压力求解问题。

$$\begin{aligned}\Delta p(R,t) &= \Delta p_1(R,t) + \Delta p_2(R,t)\\ &= -\frac{\mu Q}{4\pi KH}\text{Ei}\left(\frac{-\phi\mu cR^2}{4Kt}\right) + \frac{\mu Q}{4\pi KH}\text{Ei}\left[\frac{-\phi\mu cR^2}{4K(t-t_1)}\right]\\ &= -\frac{\mu Q}{4\pi KH}\left\{\text{Ei}\left(\frac{-\phi\mu cR^2}{4Kt}\right) - \text{Ei}\left[\frac{-\phi\mu cR^2}{4K(t-t_1)}\right]\right\}\end{aligned} \tag{3.10}$$

再根据压降计算式:

$$\Delta p = p_i - p(R,t)$$

可得:

$$p(R,t) = p_i - \Delta p(R,t)$$

将式(3.10)代入可得到:

$$p(R,t) = p_i + \frac{\mu Q}{4\pi KH}\left\{\text{Ei}\left(\frac{-\phi\mu cR^2}{4Kt}\right) - \text{Ei}\left[\frac{-\phi\mu cR^2}{4K(t-t_1)}\right]\right\} \tag{3.11}$$

如果生产时间 t 足够长,可将式(3.11)中的两项都使用对数逼近,可得:

$$p(R,t) = p_i - \frac{\mu Q}{4\pi KH}\left[\ln t + \ln\left(\frac{2.246K}{\phi\mu cR^2}\right) - \ln(t-t_1) - \ln\left(\frac{2.246K}{\phi\mu cR^2}\right)\right]$$

$$\rightarrow p(R,t) = p_i - \frac{\mu Q}{4\pi KH}[\ln t - \ln(t-t_1)] \tag{3.12}$$

$$\rightarrow p(R,t) = p_i - \frac{\mu Q}{4\pi KH}\ln\frac{t}{t-t_1}$$

式(3.12)即为压力恢复试井中井筒压力方程,然而在压力恢复试井中更常用的符号如下:

(1)生产阶段的持续时间用 t 表示,不是 t_1。
(2)关井阶段的持续时间用 Δt,而不是 $t-t_1$。

采用以上表示方法,关井时的井底压力可表示为:

$$p_w(t) = p_i - \frac{\mu Q}{4\pi KH}\ln\left(\frac{t+\Delta t}{\Delta t}\right) \quad (3.13)$$

式(3.13)在压力恢复试井中可用于对压力测试数据进行图形化分析,通过此式可以估算储层的地层系数 KH 值和初始油藏压力 p_i。出现在式(3.13)中的比值$(t+\Delta t)/\Delta t$ 被称为赫诺时间,即 t_H。注意,赫诺时间具有以下特殊性质:

(1)它没有时间单位,是无量纲的;
(2)随着关井时间的延长,其数值变小。

关井压力恢复试井中测量的井筒压力如图3.1所示。

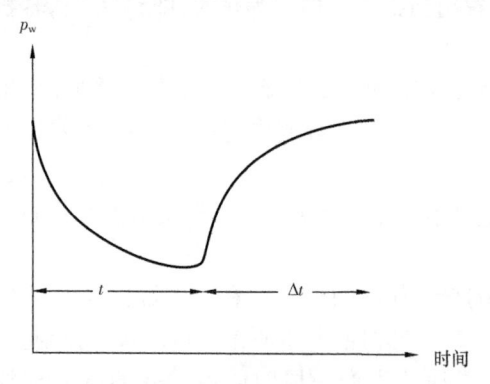

图3.1 压力恢复测井时的井筒压力随时间的变化关系

3.3 变产量流动试井

前面推导的公式是井以定产量生产为条件的,用于解决压力恢复测井问题的叠加原理也可以应用于变产量生产时的压降计算更一般的情况。首先,假设井的产量表示为:

$$Q = Q_0 \quad (当 0 < t < t_1) \quad (3.14)$$

$$Q = Q_1 \quad (当 t > t_1) \quad (3.15)$$

为了求出变产量情况的压降,将时间 $t=0$ 开始以产量 Q_0 的生产产生的压降叠加上一个从 t_1 时刻开始生产形成的压降,t_1 时刻后产生的压降对应于井产量为增量(Q_1-Q_0)的情况:

$$\Delta p(R,t) = -\frac{\mu Q_0}{4\pi KH}\text{Ei}\left(\frac{-\phi\mu cR}{4Kt}\right) - \frac{\mu(Q_1-Q_0)}{4\pi KH}\text{Ei}\left[\frac{-\phi\mu cR^2}{4K(t-t_1)}\right] \quad (3.16)$$

为了验证使用的产量增量是正确的,请注意,当 $t>t_1$ 时,第一个 Ei 函数对应的产量 Q_0,第二个 Ei 函数对应的产量是(Q_1-Q_0),因此总产量为:

$$Q(t>t_1) = Q_0 + (Q_1-Q_0) = Q_1 \quad (3.17)$$

因此,压降在更一般情况下,t_i 时刻后的产量 Q_i 可以表示为:

$$\Delta p(R,t) = \frac{-\mu Q_0}{4\pi KH}\text{Ei}\left(\frac{-\phi\mu cR^2}{4Kt}\right) - \sum_{i=1}\frac{\mu(Q_i-Q_{i-1})}{4\pi KH}\text{Ei}\left[\frac{-\phi\mu cR^2}{4K(t-t_i)}\right] \quad (3.18)$$

可以通过定义每单位产量的压降来简化符号,如从 $t=0$ 开始的产量,表示为:$\Delta p_Q(R,t)$,

无限大储层中的线源可以定义为:

$$\Delta p_Q(R,t) \equiv \frac{\Delta p(R,t;Q)}{Q} \equiv \frac{-\mu}{4\pi KH}\text{Ei}\left(\frac{-\phi\mu cR^2}{4Kt}\right) \tag{3.19}$$

可知,当 $t<0$ 时,$\Delta p_Q(R,t)=0$。使用定义式(3.19),变产量测试中压降可以写成:

$$\Delta p(R,t) = Q_0 \Delta p_Q(R,t) + \sum_{i=1} (Q_i - Q_{i-1}) \Delta p_Q(R,t-t_i) \tag{3.20}$$

例如,这种变产量测试可用于确定不同流量的表皮因子(参见第5章)。

3.4 连续变产量流动试井的卷积积分

叠加式(3.20)可以进一步推广到井流量是随时间任意变化(但变化必须是连续的)的情况。首先注意到,当我们将生产时间离散成多个时间段后,可以近似认为变化的井产量在某一离散的时间段内井产量是恒定不变的,如图3.2所示。

现在再回想一下,流量的时间导数在 t_i 时刻可近似表示为(i 表示1,2,3等值):

$$\left.\frac{dQ}{dt}\right|_{t_i} \approx \frac{(\Delta Q)_i}{(\Delta t)_i} = \frac{Q_i - Q_{i-1}}{t_i - t_{i-1}} \tag{3.21}$$

重新整理式(3.21),可以近似得到流量增量为:

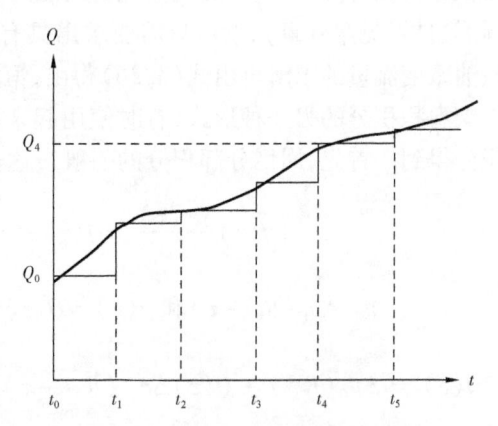

图3.2 连续变产量变为多个时间微元中定产量的离散方法

$$Q_i - Q_{i-1} \approx \frac{dQ(t_i)}{dt}(t_i - t_{i-1}) \tag{3.22}$$

利用式(3.20)中的近似可得:

$$\Delta p(R,t) = Q_0 \Delta p_Q(R,t) + \sum_{i=1} \frac{dQ(t_i)}{dt} \Delta p_Q(R,t-t_i)(t_i - t_{i-1}) \tag{3.23}$$

为了简化表达式,把式(3.23)改写成如下的等价形式:

$$\Delta p(R,t) = Q_0 \Delta p_Q(R,t) + \sum_{i=1} Q'(t_i) \Delta p_Q(R,t-t_i) \Delta t_i \tag{3.24}$$

随着时间增量减小,式(3.21)近似处理更加精确,对流量 $Q(t)$ 的"阶梯函数"逼近也变得更加精确。在极限中,随着时间增量趋于零,由以上近似处理引起的计算误差将会消失。

此外,随着时间增量变得越来越小,式(3.24)中系列值可以表示关于时间 t_i 的积分:

$$\Delta p(R,t) = Q_0 \Delta p_Q(R,t) + \int_{t_i=0}^{t_i=t} Q'(t_i) \Delta p_Q(R,t-t_i) dt_i \tag{3.25}$$

式(3.25)的积分上限终止于 $t_i=t$,因为当 $t_i>t$ 时,根据定义 $\Delta p_Q(R,t-t_i)$ 的数值为零。

从物理意义上讲,这就等于在 t 时刻之后发生的流量变化不可能对 t 时刻的压降产生影响。

最后,当每一次时间增量都变得无穷小时,用 t_i 表示的有限次数演变成一个连续变量,将用 t 表示,这样压降就可以写成:

$$\Delta p(R,t) = Q_0 \Delta p_Q(R,t) + \int_0^t \frac{dQ(\tau)}{d\tau} \Delta p_Q(R,t-\tau) d\tau \tag{3.26}$$

式(3.26)的积分称为卷积积分,法国数学家杜哈美(Duhamel,1833)在解决热传导问题时首次提出这个变化过程后,特别将"两个函数的卷积 dq/dt 和式(3.26)"也称为杜哈美原理。

由式(3.26)给出的卷积积分的重要性在于,它允许我们利用"恒定产量"只进行一个单一的积分,从而得出产量是曲线变化时的压降。例如,有一个油藏,比如说,该油藏是一个封闭的圆形边界(见第6章),然后只需要求出具有封闭外圆边界油藏的在恒定流量的情况下的解,该油藏变流量的求解可由式(3.26)得出,恒定流量解起着 Δp_Q 函数的作用。

卷积积分的另一种形式,有时使用起来更方便,可以通过对式(3.26)中的积分进行分部积分得到。首先,回忆分部积分的一般表达式:

$$\int_0^t f(\tau) \frac{dg(\tau)}{d\tau} = f(\tau)g(\tau) \Big|_0^t - \int_0^t g(\tau) \frac{df(\tau)}{d\tau} d\tau \tag{3.27}$$

将 $f(\tau) = \Delta p_Q(R,t-\tau)$ 和 $g(\tau) = Q(\tau)$ 代入式(3.26)中,可变换为:

$$\begin{aligned} f(\tau) &= \Delta p_Q(R,t) + Q(\tau)\Delta p_Q(R,t-\tau)\Big|_0^t - \int_0^t Q(\tau)\frac{d\Delta p_Q(R,t-\tau)}{d\tau}d\tau \\ &= Q_0\Delta p_Q(R,t) + Q(t)\Delta p_Q(R,0) - Q(0)\Delta p_Q(R,t) - \int_0^t Q(\tau)\frac{d\Delta p_Q(R,t-\tau)}{d\tau}d\tau \end{aligned} \tag{3.28}$$

根据定义,$Q(0) = Q_0$,右边的第一项和第三项抵消了,$\Delta p_Q(R,0)$ 表示0时刻的压降,并且数值为0,因此右边第二项也消掉了。

接下来,链式法则的使用说明了这一点:

$$\frac{d\Delta p_Q(R,t-\tau)}{d\tau} = \frac{-d\Delta p_Q(R,t-\tau)}{dt} \tag{3.29}$$

在这种情况下,式(3.28)最终可以写成:

$$\Delta p(R,t) = \int_0^t Q(\tau) \frac{d\Delta p_Q(R,t-\tau)}{dt} d\tau \tag{3.30}$$

这个积分可以计算任何产量变化的压降,条件是要知道恒定生产产量情况下的压降函数 $\Delta p_Q(R,t)$。对于给定形状的油藏,这意味着只需要解决产量恒定时的情况。

本 章 问 题

问题3.1 下列微分方程中,哪一个(如果有的话)是线性的,为什么(或为什么不是)?

(1) $\dfrac{d^2y}{dx^2} + y\dfrac{dy}{dx} + y = 0$

(2) $\dfrac{d^2y}{dx^2} + x\dfrac{dy}{dx} + y = 0$

(3) $\dfrac{d^2y}{dx^2} + x\dfrac{dy}{dx} + xy = 0$

问题 3.2 如果产量随时间线性增加,且 $Q(t) = Q^* t/t^*$,其中 Q^* 和 t^* 为常数,求出水平无限大油藏中直井井筒压力的表达式。以式(3.26)或式(3.30)的形式,使用卷积方法,并回忆一下无限大储层中的一口井由式(3.26)给出压降函数 $\Delta p_Q(R, t)$。

第4章 断层和线性边界的影响

在前两章中,我们均假设井位于一个水平无限大储层中,但是所有的实际油藏都是有边界的。例如,许多油藏中存在着近似垂直的断层,由于矿化过程或断层两侧相对运动形成的断层泥,使得断层变成了影响流体渗流的不渗透屏障。

在这一章中,我们将学习如何利用虚拟"镜像"井的叠加原理来解决这些不渗透断层对实际生产井测得压力的影响。特别是,该分析将使我们能够计算出油井离最近的不渗透封闭断层的距离。镜像井的方法也可以用来解决线性等压边界的问题,如当油藏中存在边底水层的情况。

4.1 空间中源/汇的叠加

在3.1节中,我们得出,如果将两个在不同时间"开始"的不同线源解相加,可以得到压力扩散方程的一个合理的数学解。我们也可以把表示空间中不同位置线源解相加,它们的和仍然可表示为扩散方程的解析解。

空间叠加原理最简单、最直观的应用实例是在无限大储层中两口井的问题,如图4.1所示。1号井位于A点,A点到油藏中任意一点C的距离记为R_1,2号井位于B点,B点到C点的径向距离记为R_2。1号井在t_1时刻以恒定产量Q_1开始生产,2号井在t_2时刻以恒定产量Q_2开始生产,如假设有一口观察井位于C点,并且在该井井底安装了一个压力计。

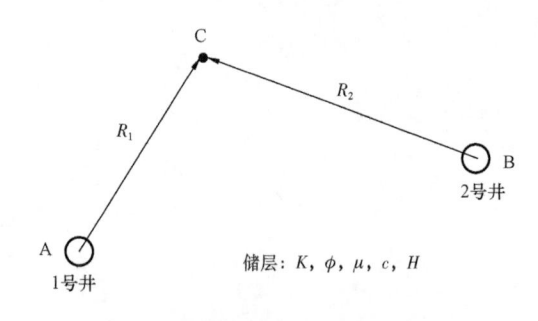

图4.1 无限大均匀储层中有两口生产井
(观察井位于C点)

根据上一章节的内容可知,在某一时刻t,油藏中任意一点C的压降是由两个相关的线源解的和给出的:

$$p(R,t) = p_i + \frac{\mu Q}{4\pi KH}\text{Ei}\left[\frac{-\phi\mu cR^2}{4K(t-t_1)}\right] + \frac{\mu Q}{4\pi KH}\text{Ei}\left[\frac{-\phi\mu cR^2}{4K(t-t_2)}\right] \tag{4.1}$$

为了证明式(4.1)是这个问题的正确解,我们认识到:

(1) 1号井的线源解在任何时刻都满足扩散方程($R_1=0$处除外,在$R_1=0$处存在"无穷大"压降),2号井的线源解也是如此。因此,除了$R_1=0$和$R_2=0$外,两个线源解的和在任何时刻都满足压力扩散方程。由于实际上$R_1=0$和$R_2=0$表示的两个点并不位于油藏中(而是在"井筒"中),所以不用考虑在这两个点不满足扩散方程。

(2) 两个线源解都满足零压降的初始条件,所以它们的和也满足这个初始条件。

(3) 两个线源解均满足远离油藏的边界条件,即"无穷远"处的压降也为零,因此它们的和也满足这个边界条件,即:

$$p(R \to \infty, t) = p_i + \frac{\mu Q}{4\pi KH}\text{Ei}(-\infty) + \frac{\mu Q}{4\pi KH}\text{Ei}(-\infty) = p_i \qquad (4.2)$$

从表 2.1 可以看出,当 x 变得非常大时,幂积分函数 $\text{Ei}(-x)$ 趋于 0。因此,验证了式(4.1)给出的压降是以上两口井问题的正确解。显然,空间叠加可以用于任意数量的井。

叠加原理也可以与"镜像井"的概念结合使用,解决诸如井附近存在封闭断层影响流体流动等问题,下一节将进行解释。

4.2　非渗透垂直断层的影响

油气藏经常被断层切割,并且其中许多断层几乎是垂直的。由于断层表面的矿物沉积、断层泥的堆积等地质作用,断层往往是不允许流体渗透的。为了能够更准确解释试井结果,了解不渗透边界对压降试井的影响是十分重要的。因此,有必要去找出以下问题的解,在均质油藏中,有一口产量恒定不变的生产井,在这口井的一侧存在一条无限延伸的垂直断层,并且该断层是不渗透的。该问题的解可以很容易地根据无限大边界油藏中的一口井的解来得出,求解过程需要利用空间叠加原理。

假设一口井位于距非渗透断层垂直距离(即最近距离)d 处,在平面图中,可以看出可将非渗透断层视为一条直线,并在两个方向上向外无限延伸,如图 4.2 所示。这口井从 $t=0$ 时刻开始,以恒定流量 Q 生产流体。现在想象一口虚构的"镜像井",它位于第一口井的"镜像"中(该井位于断层一边距离为 d 的位置),该镜像井从 $t=0$ 开始也以流量 Q 从储层中产出流体。在以上假设条件下,可以忽略储层中存在的断层,并可认为储层在水平方向是无限延伸的,就像之前的问题中描述的一样。由于两口井在储层中的对称性,任何流体都不会流过断层的平面。因此,这个断层平面将有效地充当无流动边界。因此,该处理方式为我们提供了一个靠近不渗透断层的井的解决方法。

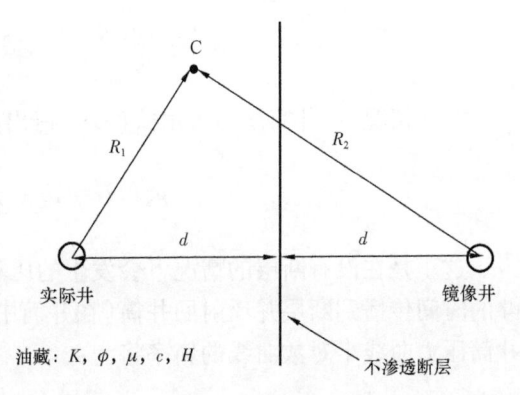

图 4.2　利用镜像井解决不渗透断层附近井的问题

以上情况下储层中任意一点的压降为实际井压降与镜像井压降的叠加:

$$p(R,t) = p_i + \frac{\mu Q}{4\pi KH}\text{Ei}\left(\frac{-\phi\mu c R_1^2}{4Kt}\right) + \frac{\mu Q}{4\pi KH}\text{Ei}\left(\frac{-\phi\mu c R_2^2}{4Kt}\right) \qquad (4.3)$$

为了求井筒内的压力,将式(4.4)代入式(4.3)中,有:

$$R_1 = R_w, R_2 = 2d - R_w \approx 2d \qquad (4.4)$$

由此,式(4.3)变为:

$$p(t) = p_i + \frac{\mu Q}{4\pi KH}\text{Ei}\left(\frac{-\phi\mu c R_w^2}{4Kt}\right) + \frac{\mu Q}{4\pi KH}\text{Ei}\left[\frac{-\phi\mu c (2d)^2}{4Kt}\right] \qquad (4.5)$$

为了准确应用上式,有几个时间阶段需要深入考虑:

(1)早期的一种状态,在此期间,对数近似对实际井的解或镜像井的解都不成立。根据式(2.35)可知,该早起状态定义为:

$$t < \frac{25\phi\mu c R_w^2}{K} \quad 或 \quad t_{Dw} < 25 \qquad (4.6)$$

在以上情况下,必须对幂积分函数进行全无穷级数展开。但是,根据在2.4节中的分析,这种制度的持续时间通常很短,因此没有必要对此进一步深入研究。

(2)一种中间时间状态,在这种状态下,可以使用对数近似求解井的解,由于镜像解的影响,井筒内的压降仍然可以忽略不计。该制度的起始可由式(4.6)确定,即:

$$t > \frac{25\phi\mu c R_w^2}{K} \quad 或 \quad t_{Dw} > 25 \qquad (4.7)$$

当来自镜像井的压力脉冲前缘到达距镜像井距离为$2d$的实际井时,这种状态结束。可以认为,当式(4.5)中的第二个Ei函数达到0.01时,就会发生这种情况。由表2.1可知,当Ei函数的自变量达到3.3左右时就会发生这种情况。因此,这个第二次区间的上限定义为:

$$t < \frac{0.3\phi\mu c d^2}{K} \quad 或 \quad t_{Dw} < 0.3(d/R_w)^2 \qquad (4.8)$$

在此情况下,井筒压力可由式(4.9)得出:

$$p_w(t) = p_i - \frac{\mu Q}{4\pi KH}\ln\left(\frac{2.246Kt}{\phi\mu c R_w^2}\right) \qquad (4.9)$$

这正是在没有断层的情况下会发生的压降,因为在这段时间内,实际的压力脉冲还没有足够的时间传播到断层并反射回井筒(在井筒中可以检测到压力脉冲)。特别是在这种情况下,井筒压力曲线半对数曲线的斜率将为:

$$\frac{dp_w}{d\ln t} = \frac{\Delta p_w}{\Delta \ln t} = \frac{-\mu Q}{4\pi KH} \qquad (4.10)$$

(3)对数逼近对实际井的解和镜像井的解都有效的一种后期状态。这个时间阶段的定义是:

$$t > \frac{25\phi\mu c (2d)^2}{K} \quad 或 \quad t_{Dw} > 100(d/R_w)^2 \qquad (4.11)$$

在这种情况下,实际油井的压力由式(4.12)得出:

$$\begin{aligned}
p(t) &= p_i - \frac{\mu Q}{4\pi KH}\ln\left(\frac{2.246Kt}{\phi\mu c R_w^2}\right) - \frac{\mu Q}{4\pi KH}\ln\left[\frac{2.246Kt}{\phi\mu c (2d)^2}\right] \\
&= p_i - \frac{\mu Q}{4\pi KH}\left[\ln t + \ln\left(\frac{2.246K}{\phi\mu c R_w^2}\right) + \ln t + \ln\left(\frac{2.246Kt}{\phi\mu c 4d^2}\right)\right] \\
&= p_i - \frac{\mu Q}{4\pi KH}\left[2\ln t + \ln\left(\frac{2.246K}{\phi\mu c R_w^2}\right) + \ln\left(\frac{2.246K}{\phi\mu c 4d^2}\right)\right]
\end{aligned} \qquad (4.12)$$

式(4.12)在p_w和$\ln t$的半对数关系图上也会得到一条直线,但其斜率是上一个阶段斜率

的 2 倍,即:

$$\frac{\mathrm{d}p_\mathrm{w}}{\mathrm{d}\ln t} = \frac{\Delta p_\mathrm{w}}{\Delta \ln t} = \frac{-2\mu Q}{4\pi KH} = \frac{-\mu Q}{2\pi KH} \tag{4.13}$$

因此,当 p_w 与 $\ln t$ 半对数曲线的直线斜率加倍时就表示井附近存在非渗透边界。此外,根据式(4.9)适用时的过渡时间阶段到式(4.12)适用时的过渡时间阶段,可以估算生产井到断层的距离(见问题4.1)。

物理解释:由于非渗透边界的存在,石油是从一个"半无限"储层中开采出来的,而不再是从一个无限大储层中开采出来的。因此,在给定的井筒压力下,最大程度上只能生产出一半的石油。因此,为了能够保持恒定的石油产量,我们必须将压降放大 2 倍。

4.3 两条相交的不渗透垂直断层

以上方法也可用于研究两个或两个以上的相交断层的影响。例如,假设储层中一口井位于两条相交的不渗透垂直断层附近,而且该井离两条断层的垂直距离是等相同的,如图4.3所示。

为了解决这个问题,我们首先假设储层在横向上是无限大的,并且储层中不存在非渗透边界。但是,我们希望储层中实际的非渗透边界的位置对应于我们假想的无限大油藏中的"无流动"边界。如果有两条垂直的对称线,它们距离真实井的垂直距离均为 d,然后通过虚构 3 口镜像井可以实现该目标,如图4.4所示。

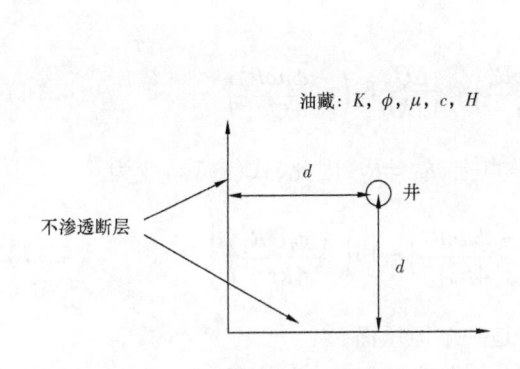

图 4.3 井位于两条相交的不渗透垂直断层附近

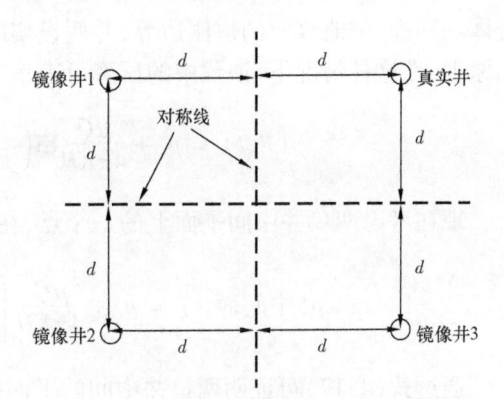

图 4.4 利用镜像井解决井位于两条相交不渗透断层附近的问题

镜像井 1 和镜像井 3 与真实井的距离均为 $2d$,而真实井与镜像井 2 的距离为 $2\sqrt{2}d$。

因此,必须在真实井的线源解中添加三个"镜像井"的线源解,每个线源解都具有各自的半径变量。真实生产井的压降可由式(4.14)得出:

$$\frac{4\pi KH[p_\mathrm{w}(t) - p_\mathrm{i}]}{\mu Q} = \mathrm{Ei}\left(\frac{-\phi\mu c R_\mathrm{w}^2}{4Kt}\right) + 2\mathrm{Ei}\left(\frac{-\phi c 4d^2}{4Kt}\right) + \mathrm{Ei}\left(\frac{-\phi c 8d^2}{4Kt}\right) \tag{4.14}$$

根据2.2节中给出的无量纲时间和无量纲压降的定义,可将式(4.14)写成无量纲表达形式为:

$$\Delta p_{Dw} = -\frac{1}{2}\mathrm{Ei}\left(\frac{-1}{4t_{Dw}}\right) - \mathrm{Ei}\left[\frac{-(d/R_w)^2}{t_{Dw}}\right] - \frac{1}{2}\mathrm{Ei}\left[\frac{-2(d/R_w)^2}{t_{Dw}}\right] \quad (4.15)$$

初期，井筒压力将表现为镜像井影响不明显的早期阶段，井筒压力与时间的半对数曲线的斜率为 $-\mu Q/4\pi KH$。最终，当生产时间足够长以后，一口真实井引起的压降可用对数近似法近似求取 4 口井生产引起的压降，绘制得到的压力与时间半对数曲线斜率的大小为 $-\mu Q/4\pi KH$ 的 4 倍。

需要注意的是，采用镜像反映的处理非渗透边界方法并不像如下表述那样简单，"如果只存在一个非渗透边界，就添加了一口镜像井，如果存在两个非渗透边界，那就需要添加两口镜像井"。这一表述可能看起来合乎逻辑，但并不准确。运用此方法的关键是要如何正确添加镜像井，从而能够建立一个虚拟的无边界油藏，并且油藏的流场具有较好的对称性。

在斯特雷索娃(Streltsova)1988 年编著的《非均质地层试井》一书中，还提出了镜像反映法的其他几个应用实例，如两条无限大平行断层、两条呈 45°的相交断层等。

4.4 线性恒压垂直边界附近一口井

油藏中有时会出现的另一种情况是线性恒压边界。例如，边界可能是由储层中的一个气顶形成的，该气顶位于一个略微倾斜的油藏上方。这种边界对压降试井的影响也可以用镜像反映法来研究。

在这种情况下，可以假设一口镜像井部署于图 4.2 所示的位置，并且以恒定流量 Q 注入流体。同样，忽略真实的恒压边界，并假设实际井和镜像井位于一个无限大的油藏中。根据叠加原理，在这种情况下，油藏中的压降可表示为：

$$p(R,t) = p_i + \frac{\mu Q}{4\pi KH}\mathrm{Ei}\left(\frac{-\phi\mu c R_1^2}{4Kt}\right) - \frac{\mu Q}{4\pi KH}\mathrm{Ei}\left(\frac{-\phi\mu c R_2^2}{4Kt}\right) \quad (4.16)$$

现在考虑两口井中间平面上的一个点，在这一点上，$R_1 = R_2$，因此，式(4.16)变为：

$$p(\text{中间面},t) = p_i + \frac{\mu Q}{4\pi KH}\left[\mathrm{Ei}\left(\frac{-\phi\mu c R_1^2}{4Kt}\right) - \mathrm{Ei}\left(\frac{-\phi\mu c R_1^2}{4Kt}\right)\right] \quad (4.17)$$

通过式(4.17)可证明两口井中间的平面确实是一个恒压面。

现在，考虑实际储层中一口井的压降，当储层中的点选择井壁上的点，则有：

$$R_1 = R_w, R_2 = 2d - R_w \approx 2d$$

$$p(R,t) = p_i + \frac{\mu Q}{4\pi KH}\mathrm{Ei}\left(\frac{-\phi\mu c R_w^2}{4Kt}\right) - \frac{\mu Q}{4\pi KH}\mathrm{Ei}\left[\frac{-\phi\mu c (2d)^2}{4Kt}\right] \quad (4.18)$$

此外，除了忽略式(4.6)中定义的非常早期的时间状态外，还有类似于式(4.7)和式(4.8)的时间状态，一种以大于 25 为原则来定义时间的状态：

$$t < \frac{0.3\phi\mu c d^2}{K} \quad \text{或} \quad t_{Dw} < 0.3(d/R_w)^2 \quad (4.19)$$

在此期间，镜像井的影响尚未波及真实井中，因此井底压力由式(4.20)给出：

$$p_w(t) = p_i - \frac{\mu Q}{4\pi KH}\ln\left(\frac{2.246Kt}{\phi\mu c R_w^2}\right) \tag{4.20}$$

对于实际生产井的线源解和镜像井的线源解,存在一个对数逼近后有效的晚期阶段,与式(4.11)类似,该时间状态的定义如下:

$$t > \frac{25\phi\mu c(2d)^2}{K} \quad \text{或} \quad t_{Dw} > 100\,(d/R_w)^2 \tag{4.21}$$

在这种情况下,生产井的井底压力可由式(4.22)给出:

$$\begin{aligned}
p_w(t) &= p_i - \frac{\mu Q}{4\pi KH}\ln\left(\frac{2.246Kt}{\phi\mu c R_w^2}\right) + \frac{\mu Q}{4\pi KH}\ln\left(\frac{2.246Kt}{\phi\mu c (2d)^2}\right) \\
&= p_i - \frac{\mu Q}{4\pi KH}\left\{\ln t + \ln\left(\frac{2.246K}{\phi\mu c R_w^2}\right) - \ln t - \ln\left[\frac{2.246Kt}{\phi\mu c(2d)^2}\right]\right\} \\
&= p_i - \frac{\mu Q}{4\pi KH}\left\{\ln\left(\frac{2.246K}{\phi\mu c}\right) - \ln(R_w^2) - \ln\left(\frac{2.246K}{\phi\mu c}\right) + \ln[(2d)^2]\right\} \\
&= p_i - \frac{\mu Q}{4\pi KH}\ln[(2d/R_w)^2] \\
&= p_i - \frac{\mu Q}{2\pi KH}\ln\left(\frac{2d}{R_w}\right)
\end{aligned} \tag{4.22}$$

由此,可以得出生产井的井底压力最终稳定在一个恒定值,压降的稳态值取决于离边界的无量纲距离(即相对于井筒半径而言)。

根据之前的论述,无限大储层中的一口井,井底压力 p_w 与半对数时间 $\ln t$ 曲线的斜率是 $-\mu Q/(4\pi KH)$。一个非渗透的线性边界最终会导致曲线斜率从 $-\mu Q/(4\pi KH)$ 增加到生产后期的 $-\mu Q/(2\pi KH)$。另外,定压线性边界产生的原因如图 4.5 所示。

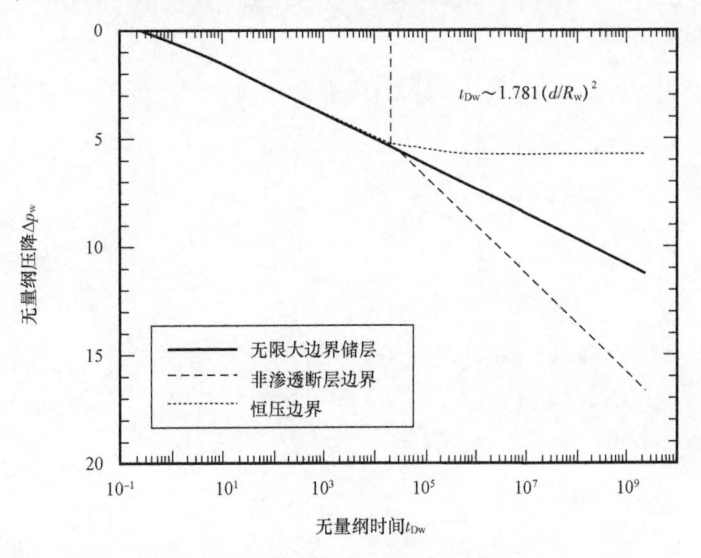

图 4.5 垂直断层附近井的井筒压力

本 章 问 题

问题 4.1 正如 4.2 节中所阐述的,当井底压降和生产时间的半对数曲线的斜率增加 1 倍,表明储层中存在非渗透的线性断层,而且压降数据可用于确定井离断层的距离,如下所示。如果绘制压力与时间的半对数曲线图,然后拟合早期和晚期两段数据的直线段,这两条拟合直线相交的时间称为 t'_{Dw}。井离断层的距离可由下式计算:

$$d = (0.5615 t'_{Dw})^{\frac{1}{2}} R_w$$

问题 4.2 图 4.5 为井离直线断层为 200 倍井筒半径时的压降与时间的半对数曲线。那么当井离断层的长度为 400 倍井筒半径时,压降与时间的半对数曲线会是什么样的?

问题 4.3 考虑一口距离两个正交边界等距的生产井,如图 4.3 所示,假定边界为恒压边界,而不是非渗透边界,那么如何利用镜像反映方法来求取这口井的压降?

第 5 章 井筒表皮因子和井筒储存效应

截至目前我们研究的线源解中,实际上是忽略了井眼本身相关的所有影响,并且把井眼理想化为一条无限细的"线"。在本章中,我们将研究与井眼有关的两种物理现象,由此需要对流入井眼的流体进行更详细的分析。其中一个现象是在钻孔井眼周围存在一个渗透率变化的区域;第二个现象是井眼内部的瞬时流体储存效应。

5.1 稳态模型中井筒表皮因子的定义

前几章给出的压力扩散方程的解都是基于储层渗透率在空间上是均匀分布的假设。然而,实际情况下,由于以下各种原因,井筒周围的岩石渗透率往往低于内部储层:

(1)钻井液渗入地层中,堵塞岩石孔隙;

(2)储层中的黏土矿物受钻井液影响发生膨胀;

(3)井筒套管射孔不完全,导致流体流到井筒附近时,其流动路径受到限制,这一影响类似于井眼附近的低渗透带引起的效应。

考虑到以上这些可能性,由此引入"井筒表皮"的概念,井筒表皮可以被认为是一个围绕着井眼的薄环形区域,其渗透率 K_s 低于未受伤害储层岩石的渗透率,如图 5.1 所示。理想复合储层渗透率为不连续渗透率,K_R 可表示为:

$$R_w < R < R_s \rightarrow K = K_s \quad (5.1)$$

$$R_s < R < R_o \rightarrow K = K_R \quad (5.2)$$

为了进一步量化井筒表皮的影响,参照 1.4 节中讨论的稳态径向流动模型。控制方程是达西定律的径向表达形式:

$$Q = \frac{2\pi KH}{\mu} R \frac{dp}{dR} \quad (5.3)$$

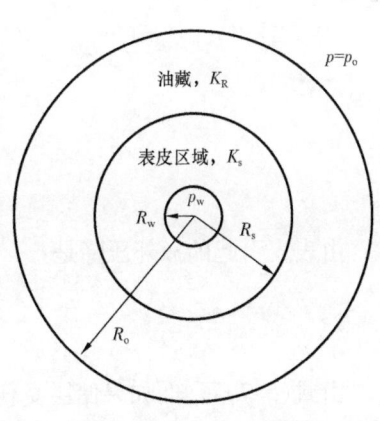

图 5.1 井筒附近的表皮区域

这里用 $Q > 0$ 来表示生产。

可以对式(5.3)进行分离变量,然后从 $R = R_w$ 到 $R = R_o$ 积分,考虑到渗透率 K 取决于 R:

$$\frac{1}{K}\frac{dR}{R} = \frac{2\pi H}{\mu Q} dp$$

$$\int_{R_w}^{R_s} \frac{1}{K_s} \frac{dR}{R} + \int_{R_s}^{R_o} \frac{1}{K_R} \frac{dR}{R} = \int_{p_w}^{p_o} \frac{2\pi H}{\mu Q} dp$$

$$\frac{1}{K_s} \ln \frac{R_s}{R_w} + \frac{1}{K_R} \ln \frac{R_o}{R_s} = \frac{2\pi H}{\mu Q}(p_o - p_w)$$

$$\frac{1}{K_R}\left(\ln\frac{R_o}{R_s} + \frac{K_R}{K_s}\ln\frac{R_o}{R_s}\right) = \frac{2\pi H}{\mu Q}(p_o - p_w)$$

$$\frac{1}{K_R}\left(\ln\frac{R_o}{R_s} + \ln\frac{R_s}{R_w} + \frac{K_R}{K_s}\ln\frac{R_s}{R_w} - \ln\frac{R_s}{R_w}\right) = \frac{2\pi H}{\mu Q}(p_o - p_w)$$

$$\frac{1}{K_R}\left[\ln\left(\frac{R_o}{R_s}\frac{R_s}{R_w}\right) + \left(\frac{K_R}{K_s} - 1\right)\ln\frac{R_s}{R_w}\right] = \frac{2\pi H}{\mu Q}(p_o - p_w)$$

$$\frac{2\pi K_R H(p_o - p_w)}{\mu Q} = \ln\frac{R_o}{R_w} + \left(\frac{K_R}{K_s} - 1\right)\ln\frac{R_s}{R_w} \tag{5.4}$$

式(5.4)与式(1.14)相同,只是右边第二项不同。由于表皮效应的存在,这种多余的无量纲压降用 S 表示,此时式(5.4)可表述为:

$$\frac{2\pi K_R H(p_o - p_w)}{\mu Q} = \ln\frac{R_o}{R_w} + S \tag{5.5}$$

因此,表皮的作用是在正常压降的基础上增加一个额外的压降组成,高于正常的压降是由于储层本身的水力阻力造成的。

井筒压降的因次形式可以表示为:

$$p_w = p_o - \frac{\mu Q}{2\pi k_R H}\left(\ln\frac{R_o}{R_w} + S\right) \tag{5.6}$$

其中

$$S = \left(\frac{K_R}{K_s} - 1\right)\ln\frac{R_s}{R_w} \tag{5.7}$$

由表皮引起的额外压降是:

$$\Delta p_s = \frac{\mu Q S}{2\pi K_R H} \tag{5.8}$$

由式(5.7)可知,如果储层受伤害区域渗透率降低,或储层受伤害区域厚度增加,则井筒表皮效应增大。一般而言,机械表皮系数的值通常小于20。然而,井筒射孔不完善等因素可能导致"表面表皮系数"高达300。另外,酸化等增产措施可提高近井筒区域渗透率,并产生负表皮因子,其下限值最小为 -6。

根据斯坦尼斯拉夫(Stanislav)和卡比尔(Kabir)在1990年编著的《压力瞬态分析》,井筒表皮效应可如图5.2所示。

对于表皮效应的另一种解释是通过观察发现,对于给定的压降,表皮效应与井筒半径减小的效应相同,即减小了流量。因此,可以将式(5.6)变换成:

$$p_w = p_o - \frac{\mu Q}{2\pi K_R H}\left[\ln\frac{R_o}{R_w} - \ln(e^{-S})\right] = p_o - \frac{\mu Q}{2\pi K_R H}\ln\left(\frac{R_o}{R_w e^{-S}}\right) \tag{5.9}$$

$$= p_o - \frac{\mu Q}{2\pi K_R H}\ln\left(\frac{R_o}{R_w^{\text{eff}}}\right)$$

其中

$$R_w^{eff} = R_w e^{-S} \tag{5.10}$$

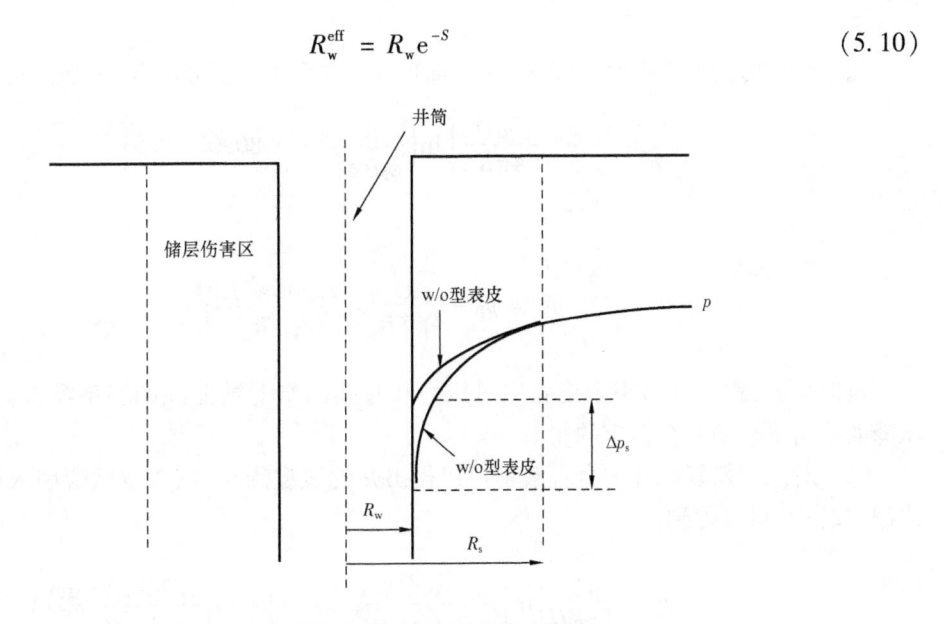

图 5.2 表皮效应对井底附近压降的影响

这个术语可以被认为是假设的井筒半径,在未受伤害的储层中,它将导致与实际观察到的被伤害地层包围的井中相同的压降量。然而,这种解释可能具有潜在的误导性,因为一般来说,仅仅用式(5.10)中给出的有效半径代替实际井筒半径是不正确的,以上解释只适用于无限大储层的压降试井。

5.2 井筒表皮对压降或压力恢复试井的影响

以上的推导是在稳态假设条件下得出的,然而,由于表皮区域的厚度通常较小,因此由于表皮区域的瞬态效应会很快消失,通过式(1.37)可以估计出"瞬态效应"在表皮区域内消失所需要的时间,取距离为 R_s:

$$t_s = \frac{(\phi\mu c)_s R_s^2}{4K_s} \tag{5.11}$$

如果给定储层合理的参数值,例如孔隙度 $\phi \approx 10^{-1}$,黏度 $\mu \approx 10^{-3} Pa \cdot s$,储层压缩系数 $c \approx 10^{-9} Pa^{-1}$,井距 $R_s \approx 10^0 m$,渗透率 $K_s \approx 10^{-15} m^2$,可以得出 $t_s \approx 25s$。因此,在很短的一段时间后,表皮区域将处于准稳定状态。如果流入井筒的流量是恒定的,那么通过表皮区域的压降也将是恒定的。因此,通常假定,即使在瞬态试井过程中,表皮区域的影响也会在井筒内产生一个恒定的附加压降,其大小由式(5.8)给出。

例如,在一个无限大油藏中,以恒定的流量生产,井筒周围存在一个表皮区域,其压降为:

$$p_w = p_i - \frac{\mu Q}{4\pi KH}\left[-Ei\left(\frac{\phi\mu c R_w^2}{4Kt}\right) + 2S\right] \tag{5.12}$$

将式(5.8)给出的与表皮因子相关的压降与线源解给出的压降相加:

由于表皮区域的渗透率 K_s 已经被表皮因子 S 包含，式中可以用 K 代替 K_R 来表示储层的渗透率。

如果生产时间 t 足够大，可以用对数逼近的方法简化幂积分函数 Ei，压降可表示为：

$$p_w = p_i - \frac{\mu Q}{4\pi KH}\left[\ln\left(\frac{Kt}{\phi\mu cR_w^2}\right) + 0.80907 + 2S\right] \tag{5.13}$$

或

$$p_w = p_i - \frac{\mu Q}{4\pi KH}\ln\left(\frac{2.246e^{2S}Kt}{\phi\mu cR_w^2}\right) \tag{5.14}$$

显而易见，式(5.13)中表皮效应对压力和时间的半对数曲线的斜率没有影响，但会使总压降曲线向下移动一个恒定的量。

基于对压力恢复试井的合理解释可以得出井的表皮因子，将表皮效应引入压力恢复方程式(3.12)中，可以得到：

$$p_w = p_i - \frac{\mu Q}{4\pi KH}\left\{\ln\left[\frac{2.246e^{2S}K(t+\Delta t)}{\phi\mu cR_w^2}\right] - \ln\left(\frac{2.246e^{2S}K\Delta t}{\phi\mu cR_w^2}\right)\right\}$$

$$\rightarrow p_w = p_i - \frac{\mu Q}{4\pi KH}\ln\left(\frac{t+\Delta t}{\Delta t}\right) \tag{5.15}$$

两个表皮因子项相互抵消后，井筒压力方程中不存在表皮因子项。

现在分析一下关井前的井筒压力(称之为 p_w^-)和关井后的井筒压力(p_w^+)之间的差异，分别采用式(5.14)和式(5.15)表示 p_w^- 和 p_w^+，可以得出，

$$p_w^+ - p_w^- = -\frac{\mu Q}{4\pi KH}\ln\left(\frac{t+\Delta t}{\Delta t}\right) + \frac{\mu Q}{4\pi KH}\ln\left(\frac{2.246e^{2S}Kt}{\phi\mu cR_w^2}\right)$$

$$= \frac{-\mu Q}{4\pi KH}\left[\ln\left(\frac{t+\Delta t}{\Delta t}\right) - \ln\left(\frac{2.246K}{\phi\mu cR_w^2}\right) - 2S\right] \tag{5.16}$$

在关井后较短时间内，Δt 很小，$(t+\Delta t)/t \approx 1$，则式(5.16)可变换为：

$$p_w^+ - p_w^- = \frac{\mu Q}{4\pi KH}\left[\ln\Delta t + \ln\left(\frac{2.246K}{\phi\mu cR_w^2}\right) + 2S\right] \tag{5.17}$$

式(5.17)给出了一个可以求解表皮系数 S 的方程。

然而，在实际应用中，不能在关井后立即使用压力计算公式(5.17)，原因如下：

(1)井筒储存效应(压力恢复试井中通常称之为"续流")在一段时间内会导致在对应于储层深度井筒实测的实际压降与上述公式预测的压降有所偏离，见第5.3节。

(2)式(5.15)利用幂积分函数的对数逼近，这种近似只有在关井后经过足够长的生产时间后才能实现。

一般的处理方法是采用式(5.17),在关井 1h 后对 p_w^+ 进行计算;之所以选择关井后 1h,是因为在使用"矿场"单位制时,当 $\Delta t = 1h$ 时,$\ln\Delta t = \ln 1 = 0$。然而,在很多情况下,1h 的时间并不足以让使续流完全停止,从而出现径向流。因此,必须将霍纳曲线的直线部分外推到 $\Delta t = 1h$ 处,并用 p_w^+ 表示该压力。在研究生所学的试井分析这门课程中,将更详细地介绍如何利用压力恢复试井数据来计算井筒表皮因子。

5.3 井筒储存现象

压降通常在井对应储层深度位置测量,而流量通常在井口测量。然而,方程中的流量 Q 是指从储层到井筒"接触砂面"的流量,用 Q_{sf} 表示。在准稳态情况下,认为实测井口流量与油藏中实际流动的流量相等。

然而,在流量发生变化后,如压降测试开始后或井口关井后,实测井口流量与油藏中实际流动的流量不同。造成这种差异的原因是,由于井筒内流体受到压力的影响,井筒内的流体处于压缩(或膨胀)状态。

例如,假设在 $t = 0$ 时刻开始以井口测量到的流量 Q_{wh} 产出流体。起初,井口流出的流体主要来自井筒里面,直到慢慢地开始由储层供给。最终,井筒内的流体流动达到准稳态,井口处测量到的流体流量实际上都来自储层。在此之后,$Q_{wh} = Q_{sf}$。

相反,如果一口以恒定产量生产的井在井口被关闭,流体将继续从储层进入井筒中,即使井口不允许流体流出,这些额外的流体将被存储在井筒内;随着井筒内流体质量的增加,井底压力也将逐渐随之增加。这两种情况如图 5.3 所示,由斯坦尼斯拉夫(Stanislav)和卡比尔(Kabir)在 1990 年编著的《压力瞬态分析》一书中第 43 页修改而来。

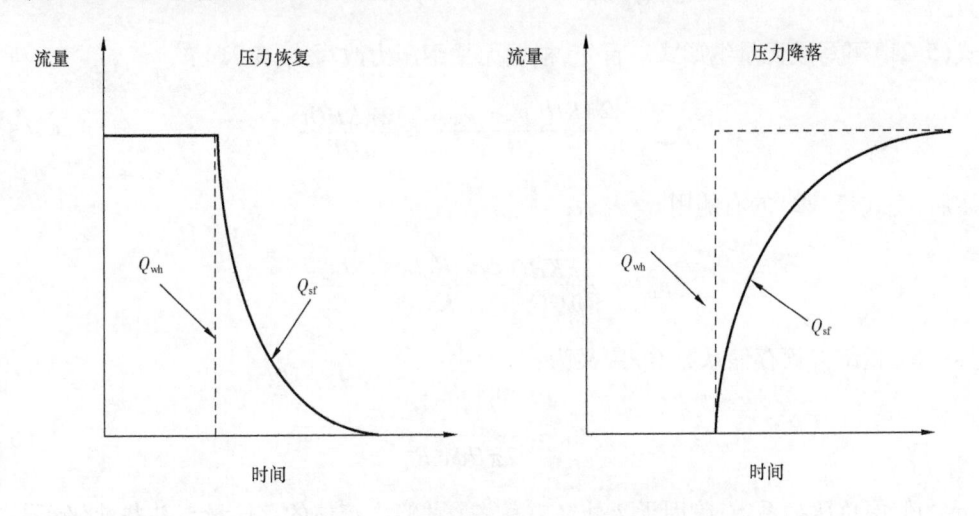

图 5.3 井筒储存效应对压力试井的影响

可以按照第 1.5 节中给出的储层质量平衡关系,通过对井筒内流体进行质量平衡分析,来研究井筒储集的影响。假设井筒内完全充满单相液体,则:

$$\text{流入质量流量} - \text{流出质量流量} = \text{井筒流体质量变化率}$$

如：

$$\rho_f Q_{sf} - \rho_f Q_{wh} = \frac{d(\rho_f V_w)}{dt} \qquad (5.18)$$

式中：V_w 为井筒体积。

如果假设井筒流体的压力和密度是均匀的，可以得到：

$$\rho_f(Q_{sf} - Q_{wh}) = V_w \frac{d\rho_f}{dt} = V_w \frac{d\rho_f}{dp_w}\frac{dp_w}{dt} = V_w \rho_f c_f \frac{dp_w}{dt}$$

$$\rightarrow Q_{sf} - Q_{wh} = V_w c_f \frac{dp_w}{dt} = C_s \frac{dp_w}{dt} \qquad (5.19)$$

式中，$C_s = V_w c_f$ 为井筒储存系数，V_w 为井筒流体从井底流到井口的总体积。

注：如果井筒中没有充满流体，在厄洛赫（Earlougher）1977 年编写的 SPE 专著《试井分析进展》一书中可以找到相应的井筒储存系数 C_s 表达式，参见课后问题 5.1。

在压降试井开始后的早期阶段，$Q_{wh} = Q$，其中 Q 为名义流量，但 $Q_{sf} \cong 0$，则式（5.19）可以变换为：

$$-Q = C_s \frac{dp_w}{dt} \qquad (5.20)$$

采用初始条件：当时间 $t = 0$ 时井筒压力 $p_w = p_i$，对式（5.20）进行积分，可得：

$$-\int_0^t \frac{Q}{C_s}dt = \int_{p_i}^{p_w(t)} dp_w \rightarrow p_w = p_i - \frac{Qt}{C_s} \qquad (5.21)$$

式（5.21）可写成无量纲形式。首先，根据无量纲压力改写式（5.21）：

$$p_{Dw} = \frac{2\pi KH(p_i - p_w)}{\mu Q} = \frac{2\pi KHQt}{\mu Q C_s} \qquad (5.22)$$

然后，将式（5.22）的右侧用 t_{Dw} 表示：

$$p_{Dw} = \frac{2\pi KHQ}{\mu Q C_s} \frac{\phi \mu c_t R_w^2 t_{Dw}}{K} = \frac{t_{Dw}}{C_D} \qquad (5.23)$$

其中，无量纲井筒存储系数 C_D 定义为：

$$C_D = \frac{C_s}{2\pi H \phi c_t R_w^2} \qquad (5.24)$$

式中，c_t 为储层总压缩系数；除因子 2 外，C_D 为整个井筒内流体的存储量与钻井前（储层中，不包括盖层）所钻井眼中岩石的存储量的比值。

在双对数坐标中，式（3.23）可变换成：

$$\ln p_{Dw} = \ln t_{Dw} - \ln C_D, \rightarrow \frac{d\ln p_{Dw}}{d\ln t_{Dw}} = 1 \qquad (5.25)$$

因此,早期在井筒压力随时间变化的双对数测井曲线(无量纲或有量纲)上出现的斜率为1 的直线表明,压力响应主要受井筒储层效应而不是储层性质的影响。

5.4 井筒储存对试井的影响

前面的分析侧重于井筒储集产出的流体,忽略了从储层流入井筒的流动。在实际生产过程中,初期井口产出的主要是井筒中储集的流体,但随着井筒内流动状态趋于稳定,这些效应逐渐消失。

对包含井筒储存和储层对井口测量流量贡献的分析可以由式(2.1)和内边界条件式(2.3)得出,变换为[参见(5.19)]:

$$\left(\frac{2\pi KH}{\mu}R\frac{\partial p}{\partial R}\right)_{R_w} = Q_{wh} + C_s \left(\frac{\partial p}{\partial t}\right)_{R_w} \tag{5.26}$$

注意等号右端的流量表示的是井筒和储层接触面流量,而 Q_{sf} 是油藏中达西定律中必须使用的流量。

以上问题已经由瓦登伯格(Wattenbarger)和雷米(Ramey)在 1970 年利用有限差分方法,阿加瓦尔(Agarwal)等在 1970 年利用拉普拉斯变换方法进行了求解。他们的分析表明,对于无限大储层中的一口井,当考虑表皮效应和井筒储集效应时,应存在三种不同的阶段:

(1)以井筒储存为主的早期阶段,在此阶段内,可由式(5.23)给出压降,该阶段的时间区间范围为:

$$t_{Dw} < C_D(0.04 + 0.02S) \tag{5.27}$$

(2)井筒储存和油藏中流体流入井筒都有利于井口流量的增加,该阶段的持续时间区间范围为:

$$C_D(0.04 + 0.02S) < t_{Dw} < C_D(60 + 3.5S) \tag{5.28}$$

(3)井筒储存效应消失的第三个阶段,其压降由式(5.14)给出,该阶段的时间区间范围为:

$$t_{Dw} > C_D(60 + 3.5S) \tag{5.29}$$

可以用准则式(5.29)计算何时可以用对数表达式(5.14)逼近压降曲线。然而,在压力恢复试井过程中,达到赫诺曲线上的"直线"所需的时间最好由式(5.30)(Chen 和 Brigham, 1978)得出:

$$t_{Dw} > 50 C_D \exp(-0.14S) \tag{5.30}$$

井筒储存效应对井筒压降的影响如图 5.4 所示。

最后,需要指出的是,通过在储层中关井而不是在井口处关井,可以消除压力恢复试井过程中产生的井筒储集效应。

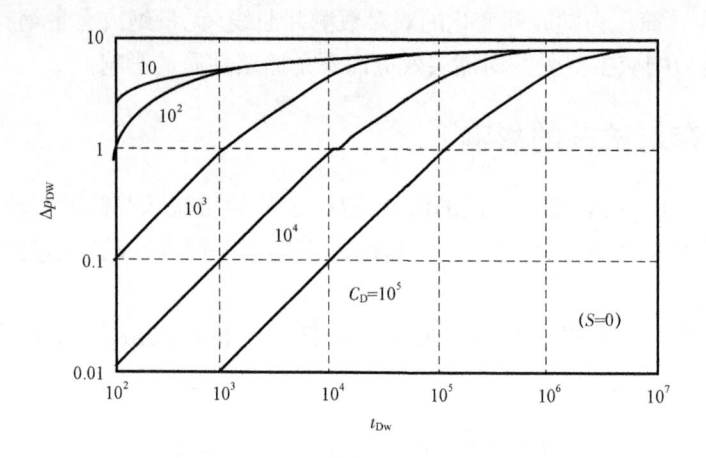

图 5.4 井筒储存效应对储层压降的影响

本 章 问 题

问题 5.1 假想一个充满了流体井筒,流体高度高出油藏顶部的高度为 h,井筒内流体密度为 ρ,即使该液体不可压缩,升高或降低的流体柱也会产生井筒储存效应。在这种情况下,推导井筒储存系数 C_s 的表达式。

第 6 章 有限大储层中的流体流动

本章将求解有限大储层中的压力扩散问题，储层外部可以是不渗透封闭边界或者是有水体供给的恒定压力边界。首先考虑圆形储层中一口中心井的问题，然后再考虑其他一般形状储层的情况。由于求解线源解的玻尔兹曼变换不适用于有限大油藏，因此，将使用特征函数展开的方法，将井筒压力和井口流量观测值与储层渗透率、储集性和储层大小及形状等物理参数联系起来。

6.1 有限大储层或有限泄油区域的产量

迄今已经分析了一口井位于一个无限大或者至少是半无限大的储层中的情况。然而在实际油藏中，储层往往不是无限大的，压力扰动最终会传播到有效包围储层的外边界。这个外边界可能是一个水体，如充满水的较大区域，也就是说，在充满碳氢化合物的储层周围有一大片充满水的岩石储层。在这种情况下，可以合理地认为外边界条件是定压边界。

另外，如果多口井在同一个油藏中生产，则每口井的泄油区域将只能从一个有限的范围内生产流体，因此每口井将等效地表现为被油藏内部不流动的封闭边界所包围，如图 6.1 所示。

每口油井的有效泄油区域将取决于该井及附近其他油井的产量大小（Drake，1978）。

利用两种数学方法中的任何一种，都可以解决有界的、有限大泄油区域中油井的生产问题，所用的两种数学方法为拉普拉斯变换法或特征函数展开法，其中拉普拉斯变换法将在第 7 章中详细阐述。

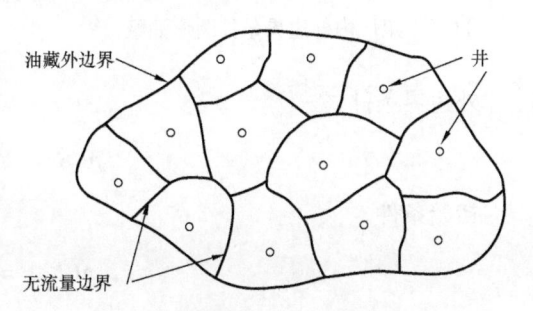

图 6.1 油藏中存在多口生产井时的外边界及无流量边界示意图

在本章中，我们将使用特征函数展开法来解决圆形有限大储层中心一口井的问题，储层外部边界为恒定压力边界，同时保持井筒压力不变。以上问题虽然不是有限大储层问题中最重要的例子，但它提供了一个相对简单的例子来阐述特征函数展开法的求解方法。

首先需要注意的是玻尔兹曼变换，变换参数 $\eta = \phi\mu c R^2 / Kt$ 在有界储层中并不适用。原因是玻尔兹曼变换需要满足一定的初始条件才能适用于无限大储层，需要满足的初始条件为当生产时间趋向 0 或外边界 R 趋向于无穷大时，变换参数 η 也趋向于无穷大，以上两种情况都对应于相同的初始条件，即储层初始压力和无穷远处外边界压力均为 p_i。将两个初始条件"合并"为一个的方法使我们可以用二阶常微分方程（ODE）来代替二阶偏微分方程（PDE），二阶偏微分方程包含两个边界条件和一个初始条件共三个条件，而二阶常微分方程（ODE）一共只需要两个边界条件。

在有界储层问题中，不存在将初始条件和外边界条件转换为单一边界条件的情况，因为当

$R=R_e$ 时，η 仍随时间变化。因此，η 不对应于任何常量，在任意常量下，类型转换将无法用于包含自然物理长度的尺度的问题，如井筒半径及其外半径；无限大储层中无限小线源问题是与真实长度的尺度无关的。

6.2 外边界压力恒定、井底压力恒定的位于圆形储层中心的一口井

假设有一口位于圆形储层中心的井，当生产时间 t 为 0 时刻时的初始压力为 p_i，投产后井筒压力迅速降至某个值 p_w，然后保持不变（图 6.2）。

在之前的问题中，油井产量是给定的，需要计算压降，而在本问题中，压降是确定的，需要计算的是油井的产量。因此，该渗流问题的数学表达式为：

偏微分方程

$$\frac{1}{R}\frac{d}{dR}\left(R\frac{dp}{dR}\right) = \phi\frac{\mu c}{K}\frac{dp}{dt} \qquad (6.1)$$

井筒处的内边界条件

$$p(R = R_w, t) = p_w \qquad (6.2)$$

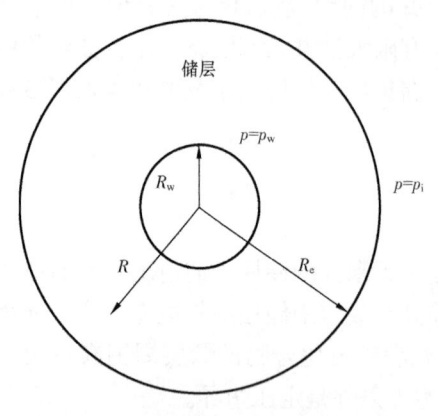

图 6.2 定压内外边界条件圆形油藏

外边界条件

$$p(R = R_e, t) = p_i \qquad (6.3)$$

初始条件

$$p(R, t = 0) = p_i \qquad (6.4)$$

解决这个问题的第一步是通过引入无量纲变量来简化公式的表述形式，给出如下定义：

无量纲半径

$$R_D = R/R_w \qquad (6.5)$$

无量纲时间

$$t_D = Kt/\phi\mu cR_w^2 \qquad (6.6)$$

无量纲压力

$$p_D = (p_i - p)/(p_D - p) \qquad (6.7)$$

此处对无量纲时间的定义与之前线源解中的类似，以井筒半径为长度尺度（为了简化符号，这一章通常写为 t_D。但在某些特殊情况下，为了表示与无限大储层问题之间的联系，将无量纲时间写成 t_{Dw}）。

按照无量纲压力的定义，井筒无量纲压力为 1，而在其他边界处的无量纲压力一般为 0。由于井产量 Q 是一个未知量，故不能像先前用的方式依据 Q 来定义无量纲压力 p_D。根据以上定义的无量纲变量，式（6.1）至式（6.4）可以变换为如下形式：

偏微分方程

$$\frac{1}{R_D}\frac{d}{dR_D}\left(R_D\frac{dp_D}{dR_d}\right) = \frac{dp_D}{dt_D} \qquad (6.8)$$

井筒边界条件

$$p_D\left(R_D = \frac{R_w}{R_w} = 1, t_D\right) = 1 \qquad (6.9)$$

外边界条件

$$p_D\left(R_D = \frac{R_e}{R_w} \equiv R_{De}, t_D\right) = 0 \qquad (6.10)$$

初始条件

$$p_D(R_D, t_D = 0) = 0 \qquad (6.11)$$

第二步，运用叠加原理将压力分解成一个稳态部分 $p_D^S(R_D)$ 和瞬态部分 $p_D(R_D, R_D)$：

$$p_D(R_D, R_D) = p_D^S(R_D) + p_D(R_D, R_D) \qquad (6.12)$$

根据定义，稳态压力函数必须满足式(6.8)，同时符合式(6.9)和式(6.10)的指出的内外边界条件，并且稳态部分的时间导数为零，因此 $p_D^S(R_D)$ 的控制微分方程即为式(6.8)，只需令式右边等于零。由于时间不再与稳态压力相关，所以 $p_D^S(R_D)$ 可由以下常微分方程控制：

常微分方程

$$\frac{1}{R_D}\frac{d}{dR_D}\left(R_D\frac{dp_D^S}{dR_D}\right) = 0 \qquad (6.13)$$

内边界条件

$$p_D^S(R_D = 1) = 1 \qquad (6.14)$$

外边界条件

$$p_D^S(R_D = R_{De}) = 0 \qquad (6.15)$$

为求取稳态压力，首先对式(6.13)进行一次积分变换，利用不定积分可得到：

$$R_D\frac{dp_D^S}{dR_D} = 常数 = B \qquad (6.16)$$

然后分离式(6.16)中的变量，再次积分：

$$\int^{p_D^S(R_D)} dp_D^S = \int^{R_D} B\frac{d(R_D)}{R_D} + A$$

$$\rightarrow p_D^S(R_D) = B\ln R_D + A \qquad (6.17)$$

式中 A 和 B 是积分常数。比较式(6.17)与边界条件式(6.14)和式(6.15)表明，积分常数 $A =$

1，积分常数 $B = -1/\ln R_{De}$，所以式(6.17)可以写成：

$$\to p_D^S(R_D) = 1 - \frac{\ln R_D}{R_{De}} = -\ln(R_D/R_{De})/\ln R_{De} \tag{6.18}$$

备注1：稳态压力满足扩散方程式(6.8)和边界条件式(6.9)和式(6.10)，但不满足初始条件式(6.11)，因此还需要增加一项压力瞬态分量。

备注2：式(6.18)表示的稳态压力为蒂姆(Thiem)方程的无量纲表示形式，即式(1.4.3)。

如果现在把式(6.12)代入式(6.8)至式(6.11)，利用式(6.18)可知，瞬态压力函数必须满足以下方程：

偏微分方程

$$\frac{1}{R_D}\frac{d}{dR_D}\left(R_D\frac{dp_D}{dR_D}\right) = \frac{dp_D}{dt_D} \tag{6.19}$$

内边界条件

$$p_D(R_D = 1, t_D) = 0 \tag{6.20}$$

外边界条件

$$p_D(R_D = R_{De}, t_D) = 0 \tag{6.21}$$

初始条件

$$p_D(R_D, t_D = 0) = \frac{\ln(R_D/R_{De})}{\ln R_{De}} \tag{6.22}$$

到目前为止，我们已将非零边界条件式(6.9)和为零初始条件式(6.11)的扩散方程已经转化为一个非零外边界条件和非零初始条件式(6.22)的扩散方程。方程形式上似乎没有任何变化，但实质上却有较大变化，主要是因为采用特征函数法需要零边界条件，而不需要零初始条件。

再次利用叠加原理求解式(6.19)至式(6.22)。第一步：尽可能多地寻找满足式(6.19)和边界条件[式(6.20)和式(6.21)]的数学函数；第二步：叠加这些函数以满足初始条件式(6.22)。具体步骤如下。

(1)假设这些函数可以写成以下形式：

$$p_D(R_D, t_D) = F(R_D)G(t_D) \tag{6.23}$$

(2)将式(6.23)带入式(6.19)中可得：

$$G(t_D)\left[\frac{1}{R_D}\frac{d}{dR_D}\left(R_D\frac{dF}{dR_D}\right)\right] = F(R_D)\frac{dG}{dt_D} \tag{6.24}$$

(3)两边同时除以 $F(R_D)G(t_D)$，可得：

$$\frac{1}{R_D F(R_D)}\frac{d}{dR_D}\left(R_D\frac{dF}{dR_D}\right) = \frac{1}{G(t_D)}\frac{dG}{dt_D} \tag{6.25}$$

(4) 式(6.25)的左边与 t_D 无关,右边与 R_D 无关;由于等式恒成立,所以式(6.25)与 t_D 或 R_D 均无关。因此,式(6.25)的两边必等于同一个常数,令其为 $-\lambda^2$:

$$\frac{d}{dR_D}\left(R_D \frac{dF}{dR_D}\right) = \frac{1}{G(t_D)} \frac{dG}{dt_D} = -\lambda^2 \tag{6.26}$$

(5) 式(6.26)中与空间有关的部分可以写成:

$$F''(R_D) + \frac{1}{R_D} F'(R_D) + \lambda^2 F(R_D) = 0 \tag{6.27}$$

(6) 令变量 $x = \lambda R_D$,然后式(6.27)可以写成:

$$F''(x) + \frac{1}{x} F'(x) + F(x) = 0 \tag{6.28}$$

式(6.28)称为贝塞尔(Bessel)零阶方程。作为一个二阶常微分方程,因此必有两个独立的解。通过假设一个幂级数解,很容易找到一个解:

$$F(x) = \sum_{n=0}^{\infty} a_n x^n \tag{6.29}$$

如果将式(6.29)带入式(6.28)中,可得到:

$$\sum_{n=0}^{\infty} n(n-1) a_n x^{n-2} + \sum_{n=0}^{\infty} n a_n x^{n-2} + \sum_{n=0}^{\infty} a_n x^n = 0 \tag{6.30}$$

为了让 x 的 n 次幂出现在每一项中,这样就可以很容易地把它们加起来。我们让 $n \to (n+2)$ 在前两个系列中(这是允许的,因为 n 只是一个"虚拟指数"),之后结合前两个系列,把"不匹配"的项放在这个系列之外,得出:

$$0 a_0 x^{-2} + a_1 x^{-1} + \sum_{n=0}^{\infty} \left[(n+2)^2 a_{n+2} + a_n\right] x^n = 0 \tag{6.31}$$

式(6.32)中 x 的每个幂的系数必为零,又因为 x^{-2} 项的系数为零,所以不管 a_0 取何值,该项都会消掉,因此,该项有很多选择,如:

$$a_0 = 1 \tag{6.32}$$

为了让 x^{-1} 项消失,最好取:

$$a_1 = 0 \tag{6.33}$$

为了让所有高阶项消掉,由式(6.31)可知,各项系数必须满足以下递归关系:

$$a_{n+2} = \frac{-a_n}{(n+2)^2} \tag{6.34}$$

由式(6.32)和式(6.33)给出的前两个系数开始,通过这个递归关系可以得到所有后续的系数。例如:当 $n=0$ 时,由式(6.34)可得出 $a_2 = -a_0/4$。通过这种方式,可以得出:

$$a_3 = a_5 = a_7 = \cdots = 0 \tag{6.35}$$

$$a_2 = -\frac{1}{4}, a_4 = \frac{1}{64}, a_6 = -\frac{1}{2304} \tag{6.36}$$

式(6.18)的解可由式(6.29)、式(6.35)、式(6.36)给出,作为第一类零阶贝塞尔函数,记为 $J_0(X)$:

$$J_0(X) = 1 - \frac{x^2}{4} + \frac{x^4}{64} - \frac{x^6}{2304} + \cdots$$

或

$$J_0(X) = 1 - \frac{x^2}{2^2(1!)^2} + \frac{x^4}{2^4(2!)^2} - \frac{x^6}{2^6(3!)^2} + \cdots \tag{6.37}$$

式中:$n! = 1 \times 2 \times 3 \times \cdots \times n$ 是阶乘函数。

函数 $J_0(X)$ 类似于递减的余弦函数(图6.3)。开始 $J_0(0)=1$,周期性上下浮动,然后最终趋于零,根据一个与 $1/\sqrt{x}$ 成正比的因子。

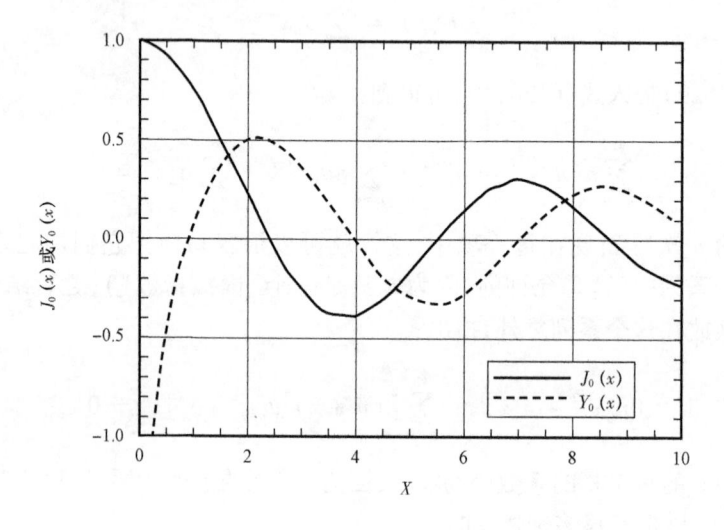

图6.3 零阶贝塞尔函数

关于贝塞尔函数理论更详细地阐述参见沃特森(Watson)1944年编著的专著,或者是任意一本关于高等应用数学的书,当 x 的值较大时,这个函数近似由式(6.38)给出:

$$J_0(X) \approx \sqrt{\frac{2}{\pi x}} \cos\left(x - \frac{\pi}{4}\right) \quad (x \to \infty) \tag{6.38}$$

式(6.28)的第二个独立解的推导需要一个复杂的过程(文中不给出),因为第二个解不是解析的,即不是一个纯幂级数。这个解,称为第二类零阶贝塞尔函数,由式(6.39)定义:

$$Y_0(x) = \frac{2\ln\left(\frac{\gamma x}{2}\right)}{J_0(x)} - \frac{2}{\pi}\sum_{n=1}^{\infty}\frac{(-1)^n h_n}{(n!)^2}\left(\frac{x}{2}\right)^{2n} \tag{6.39}$$

其中，$\gamma = 1.781$ 时，h_n 为：

$$h_n = 1 + \frac{1}{2} + \cdots + \frac{1}{n} \tag{6.40}$$

当 x 值趋向于 0 时，函数趋于负无穷大，由于 $\ln x$ 项周期性浮动特征类似于贝塞尔函数 $J_0(X)$ 且最终趋于零（图 6.3）。

$$Y_0(x) \approx \sqrt{\frac{2}{\pi x}} \sin\left(x - \frac{\pi}{4}\right) \quad (x \to \infty) \tag{6.41}$$

式（6.28）的通解可以写成这两种贝塞尔函数的线性组合：

$$F(x) = AJ_0(x) + BY_0(x) \tag{6.42}$$

式中，两个常数 A 和 B 与式（6.17）中出现的常数无关。回忆 $x = \lambda R_D$，函数可变换为：

$$F(R_D) = AJ_0(\lambda R_D) + BY_0(\lambda R_D) = 0 \tag{6.43}$$

式（6.45）是式（6.28）的解，无论 λ 为何值。回忆一下二阶 ODE 的通解包含两个任意常数，在本例中是 A 和 B。

然而，式（6.43）只有当 λ 取某些特殊值时才能满足边界条件式（6.20）和式（6.43），接下来进一步探讨如何求取 λ 的特殊值。首先将式（6.43）代入到边界条件式（6.20）和式（6.21）中可得到：

$$J_0(\lambda) + BY_0(\lambda) = 0 \tag{6.44}$$

$$AJ_0(\lambda R_{De}) + BY_0(\lambda R_{De}) = 0 \tag{6.45}$$

以上两个方程可以写成矩阵形式：

$$\begin{bmatrix} J_0(\lambda) & Y_0(\lambda) \\ J_0(\lambda R_{De}) & Y_0(\lambda R_{De}) \end{bmatrix} \begin{bmatrix} A \\ B \end{bmatrix} = \begin{bmatrix} 0 \\ 0 \end{bmatrix} \tag{6.46}$$

为了使式（6.46）具有 A 和 B 的非零解，矩阵的行列式必须为零，即：

$$(\lambda)Y_0(\lambda R_{De}) - Y_0(\lambda)J_0(\lambda R_{De}) = 0 \tag{6.47}$$

如果 λ 的值能够满足式（6.47），那么该值即称为这个问题的特征值。它们将取决于储层的无量纲大小，$R_{De} = R_e/R_w$，可以证明存在无穷多个特征值并且它们可以按顺序排列为：

$$0 < \lambda_1 < \lambda_2 < \cdots < \lambda_n \to \infty \tag{6.48}$$

每个特征值都产生自己的特征函数，如式（6.43）：

$$F_n(R_D) = A_n J_0(\lambda_n R_D) + B_n Y_0(\lambda_n R_D) \tag{6.49}$$

从式（6.44）可以发现 A_n 和 B_n 存在如下关系：

$$B_n = \frac{-A_n J_0(\lambda_n)}{Y_0(\lambda_n)} \tag{6.50}$$

因此式(6.49)可以写成：

$$F_n(R_D) = A_n J_0(\lambda_n R_D) - A_n \frac{J_0(\lambda_n)}{Y_0(\lambda_n)} Y_0(\lambda_n R_D)$$

$$= \frac{A_n}{Y_0(\lambda_n)} [Y_0(\lambda_0) J_0(\lambda_n R_D) - J_0(\lambda_n) Y_0(\lambda_n R_D)] \quad (6.51)$$

$$= c_n [Y_0(\lambda_0) J_0(\lambda_n R_D) - J_0(\lambda_n) Y_0(\lambda_n R_D)]$$

式中，C_n 是 $A_n/Y_0(\lambda)$ 的另一个表示方法，括号内的函数被称为问题的特征函数。需要注意的是，到目前为止常数 C_n 的值仍未知。

根据式(6.26)，现在返回与时间有关的部分，它必须满足：

$$\frac{dG_n}{dt_D} = -\lambda_n^2 G_n(t_D) \quad (6.52)$$

式(6.52)的解为：

$$G_n(t_D) = e^{-\lambda_n^2 t_D} \quad (6.53)$$

注意，这里不需要 $G_n(t_D)$ 任意积分常数，因为函数 $F_n(R_D)$ 已经包含了一个任意常数，如式(6.51)所示，最终这两个函数相乘。

由式(6.23)可知，满足扩散方程式(6.19)以及边界条件式(6.20)和式(6.21)的通解为：

$$\sum_{n=1}^{\infty} c_n [Y_0(\lambda_0) J_0(\lambda_n R_D) - J_0(\lambda_n) Y_0(\lambda_n R_D)] e^{-\lambda_n^2 t_D} \quad (6.54)$$

现在剩下的就是满足初始条件式(6.22)。在 $t_D = 0$ 处计算式(6.54)，调用式(6.22)，得到：

$$\sum_{n=1}^{\infty} c_n [Y_0(\lambda_0) J_0(\lambda_n R_D) - J_0(\lambda_n) Y_0(\lambda_n R_D)] = \frac{\ln(R_D/R_{De})}{\ln R_{De}} \quad (6.55)$$

必须选择合适的常数 C_n，才能使 R_D 的所有值都满足式(6.55)。这可以利用特征函数的正交性完成，可参考1937年玛斯卡特(Muskat)编著的《均质流体在多孔介质中的流动》一书中第10章中内容。本书中忽略具体推导过程，其结果是：

$$c_n = \frac{\pi J_0(\lambda_n) Y_0(\lambda_n R_D)}{J_0^2(\lambda_n) - J_0^2(\lambda_n R_{De})} \quad (6.56)$$

根据式(6.12)、式(6.18)、式(6.54)和式(6.56)，现在联立瞬态压力和稳态压力计算公式，得出以 R 和 t 为变量的完整的压力表达式：

$$p_D(R_D, t_{De}) = -\frac{\ln(R_D/R_{De})}{\ln R_{De}} + \sum_{n=1}^{\infty} \frac{\pi J_0(\lambda_n) Y_0(\lambda_n R_{De})}{J_0^2(\lambda_n) - J_0^2(\lambda_n R_{De})} U_n(\lambda_n R_D) e^{-\lambda_n^2 t_D} \quad (6.57)$$

其中

$$U_n(\lambda_n R_D) = Y_0(\lambda_n) J_0(\lambda_n R_D) - J_0(\lambda_n) Y_0(\lambda_n R_D)$$

到此,推导完成了以上问题的求解过程。通过式(6.5)至式(6.7)可以得到有量纲的变量数值。

通过对压力的微分,以及在井筒中应用达西定律,可以求出流入井内的流量。对流量的详细分析表明,早期它与 $t^{-1/2}$ 成正比,然后逐渐接近由蒂姆(Thiem)公式[式(1.14)]给出的稳态流量值。

6.3 外边界压力恒定、流入井筒流量恒定的位于圆形储层中心的一口井

假设一口位于圆形储层中心的井,以恒定的流速产出流体,而外部边界的压力始终保持在初始压力(图6.4)。该问题的数学方程与第6.2节讨论的相同,除了井筒内边界条件式(6.2)被替换为:

$$\left(\frac{2\pi KH}{\mu}R\frac{\mathrm{d}p}{\mathrm{d}R}\right)_{R=R_w} = Q \quad (6.58)$$

如果流体是流入井筒中,这里 Q 大于 0。

如上一节所述,该问题也可以用特征函数展开的方法来求解。求解方法见 1937 年玛斯卡特(Muskat)编著的《均质流体在多孔介质中的流动》一书中第 10 章中内容(Muskat, 1937,第 643 页)

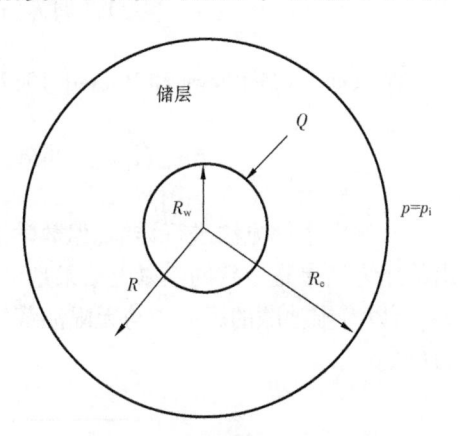

图 6.4 外边界恒压、流入井流量恒定的圆形储层

$$\Delta p_D(R_D, t_D) = -\ln\left(\frac{R_D}{R_{De}}\right) - \sum_{n=1}^{\infty} \frac{\pi J_0^2(\lambda_n R_{De}) U_n(\lambda_n R_D)}{\lambda_n [J_0^2(\lambda_n R_{De}) - J_1^2(\lambda_n)]} e^{-\lambda_n^2 t_D} \quad (6.59)$$

其中特征函数 U_n 由式(6.60)给出:

$$U_n(\lambda_n R_D) = Y_1(\lambda_n) J_0(\lambda_n R_D) - J_1(\lambda_n) Y_0(\lambda_n R_D) \quad (6.60)$$

其中特征值 λ_n 隐式由式(6.61)定义:

$$U_n(\lambda_n R_D) = Y_1(\lambda_n) J_0(\lambda_n R_{De}) - J_1(\lambda_n) Y_0(\lambda_n R_{De}) = 0 \quad (6.61)$$

函数 J_1 和 Y_1 均为一阶贝塞尔函数,并且分别为第一类和第二类贝塞尔函数,定义如下:

$$J_1(x) \equiv \frac{\mathrm{d}J_0(x)}{\mathrm{d}(x)}, Y_1(x) \equiv \frac{\mathrm{d}Y_0(x)}{\mathrm{d}(x)} \quad (6.62)$$

式(6.59)中的无量纲变量定义如下:

无量纲半径

$$R_D = \frac{R}{R_w} \quad (6.63)$$

无量纲时间

$$t_D = \frac{Kt}{\phi\mu c R_w^2} \quad (6.64)$$

无量纲压降

$$\Delta p_D = \frac{2\pi KH(p_i - p)}{\mu Q} \tag{6.65}$$

通过令式(6.59)中 $R_D = 1$,可以求得井筒的压力 $\Delta p_D(t_D)$,再利用下面的贝塞尔函数(Muskat,1937,第631页):

$$Y_1(x)J_0(x) - J_1(x)Y_0(x) = -\frac{2}{\pi x} \tag{6.66}$$

结果如下(Matthews 和 Russell,1967,第12页):

$$\Delta p_{Dw}(t_D) = \ln R_{De} - \sum_{n=1}^{\infty} \frac{2J_0^2(\lambda_n R_{De}) e^{-\lambda_n^2 t_D}}{\lambda_n [J_0^2(\lambda_n R_{De}) - J_1^2(\lambda_n)]} \tag{6.67}$$

对这个求解方法进行详细(但数学上很烦琐)的分析表明,在早期,压力与 Theis 线源解给出的压力结果是一致的。以上结果是可以预测的,因为早期压力脉冲还没有到达油藏的外边界,所以有限油藏的解应该与无限油藏的解一致。最终,井筒达到与 Thiem 问题相同的稳态压力(图6.5)。

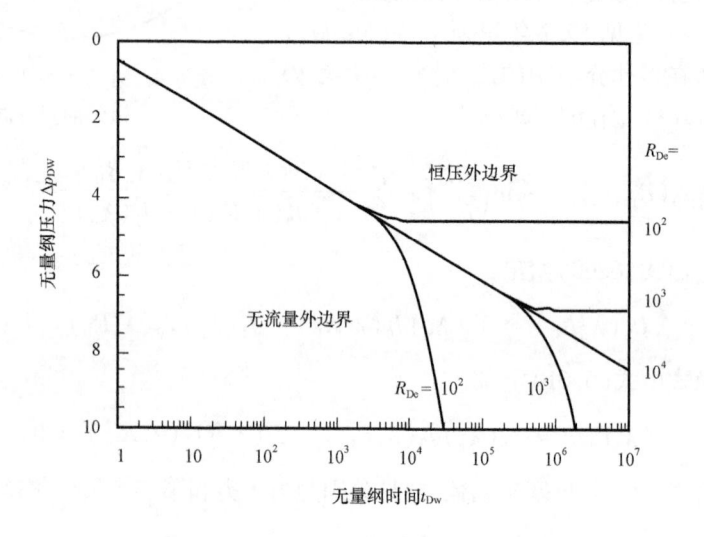

图6.5 井位于圆形储层的中心且井筒中具有恒定的流入流量

6.4 外边界无流动、流入井筒流量恒定的位于圆形油藏中心的一口井

圆形油藏中心一口井(图6.6),外边界无流动,且流入井筒的流量恒定,该问题与6.3节中处理的问题类似,只是外边界条件变化为:

$$\left(2\frac{\pi KH}{u}R\frac{dp}{dR}\right)_{R=R_e} = 0 \tag{6.68}$$

针对以上问题,1937年玛斯卡特(Muskat)采用了特征函数法对其求解,后来在1949年,

又由范·埃弗丁根(van Everdingen)和赫斯特(Hurst)用拉普拉斯变换方法重新进行了推导(见第7章)。

$$\Delta p_{\mathrm{D}}(R_{\mathrm{D}},t_{\mathrm{D}}) = \frac{1}{R_{\mathrm{De}}^2 - 1} - \left(\frac{R_{\mathrm{D}}^2}{2} + 2t_{\mathrm{D}} - R_{\mathrm{De}}^2 \ln R_{\mathrm{D}}\right) -$$

$$\frac{3R_{\mathrm{De}}^4 - 4R_{\mathrm{De}}^4 \ln R_{\mathrm{D}} - 2R_{\mathrm{De}}^2 - 1}{4(R_{\mathrm{De}}^2 - 1)^2} + \sum_{n=1}^{\infty} \frac{\pi J_1^2(\lambda_n R_{\mathrm{De}}) U_n(\lambda_n R_{\mathrm{D}})}{\lambda_n [J_1^2(\lambda_n R_{\mathrm{De}}) - J_1^2(\lambda_n)]} e^{-\lambda_n^2 t_{\mathrm{D}}} \quad (6.69)$$

式中特征函数 U_n 由下式给出：

$$U_n(\lambda_n R_{\mathrm{D}}) = J_1(\lambda_n) Y_0(\lambda_n R_{\mathrm{D}}) - Y_1(\lambda_n) J_0(\lambda_n R_{\mathrm{D}}) \quad (6.70)$$

特征值 λ_n 隐式定义为：

$$J_1(\lambda_n) Y_1(\lambda_n R_{\mathrm{De}}) - Y_1(\lambda_n) J_1(\lambda_n R_{\mathrm{De}}) = 0 \quad (6.71)$$

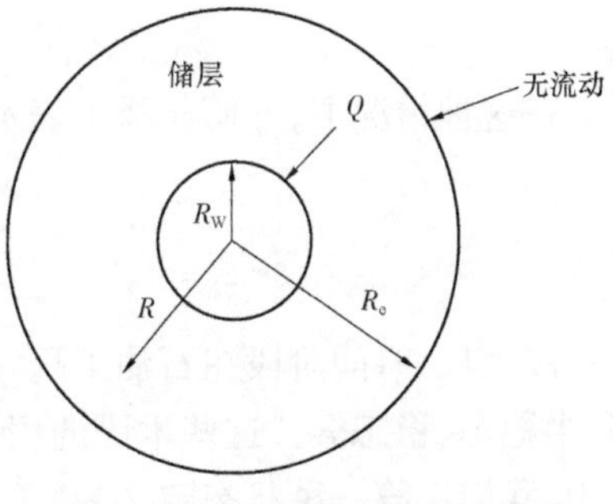

其中无量纲变量定义见6.3节。

图6.6 井底流量恒定、外边界无流动的圆形储层

由于这个问题的重要性，我们将详细讨论其求解方法。基于式(6.69)，并假设 $R_{\mathrm{D}} = 1$ 可以得到井筒压力，然后再使用式(6.66)对其表达形式进行简化，得到：

$$\Delta p_{\mathrm{Dw}}(t_{\mathrm{D}}) = \frac{1}{R_{\mathrm{De}}^2 - 1} - \left(\frac{1}{2} + 2t_{\mathrm{D}}\right) - \frac{3R_{\mathrm{De}}^4 - 4R_{\mathrm{De}}^4 \ln R_{\mathrm{De}} - 2R_{\mathrm{De}}^2 - 1}{4(R_{\mathrm{De}}^2 - 1)^2} +$$

$$\sum_{n=1}^{\infty} \frac{\pi J_1^2(\lambda_n R_{\mathrm{De}}) U_n(\lambda_n R_{\mathrm{D}})}{\lambda_n [J_1^2(\lambda_n R_{\mathrm{De}}) - J_1^2(\lambda_n)]} \quad (6.72)$$

由于 $R_{\mathrm{De}} \gg 1$，式(6.72)在大多数情况下可以简化写成：

$$\Delta p_{\mathrm{Dw}}(t_{\mathrm{D}}) = \frac{2t_{\mathrm{D}}}{R_{\mathrm{De}}^2} + \ln R_{\mathrm{De}} - \frac{3}{4} + \sum_{n=1}^{\infty} \frac{2J_1^2(\lambda_n R_{\mathrm{De}}) e^{-\lambda_n^2 t_{\mathrm{D}}}}{\lambda_n^2 [J_1^2(\lambda_n R_{\mathrm{De}}) - J_1^2(\lambda_n)]} \quad (6.73)$$

在以上问题中存在三个重要的时间阶段：

(1)当 t_{D}(下文用 t_{Dw} 表示)足够大时，线源解的对数近似是有效的，但仅仅是对于储层的驱替前缘。由式(2.35)和图2.3可以得出，该时间阶段范围由式(6.74)确定：

$$25 < t_{\mathrm{Dw}} < 0.1 R_{\mathrm{De}}^2 \quad (6.74)$$

如我们所期望的，式(6.72)在该时间范围内可简化为线源解表达式(2.38)，虽然其简化形式在式(2.38)中并不明显，也不容易证明。

(2)第二个时间阶段是当生产时间足够长以后，油井井筒压力已经受到封闭外部边界的影响，但时间仍早于足以使式(6.73)中的指数项完全消失的时间。这个时间阶段的起始点由式(6.74)的上界给出；当 $t_{\mathrm{Dw}} \approx 0.3 R_{\mathrm{De}}^2$ 时，该时间阶段结束(见问题6.1)。因此，这一时间阶段的范围是：

$$0.1R_{De}^2 < t_{Dw} < 0.3R_{De}^2 \tag{6.75}$$

在以上时间范围内，必须使用式(6.73)中来计算井筒压力，并且 $\Delta p_{Dw}(t_D)$ 曲线不能简单地进行描述。

(3)第三个时间阶段表示油井生产了很长时间后，使得式(6.73)中的指数项完全消失。这个时间阶段的范围是：

$$t_{Dw} > 0.3R_{De}^2 \tag{6.76}$$

在这种情况下，井筒压降可表示为：

$$\Delta p_{Dw} = \frac{2t_D}{R_{De}^2} + \ln R_{De} - \frac{3}{4} \tag{6.77}$$

注：以上时间阶段在石油工程相关文献中有不同的名称，如早瞬态、中瞬态、晚瞬态、拟稳态、半稳态、稳态等。这些术语的用法并不一致，而且其中有许多在数学上是不正确的。在本书中，我们把第一种状态定义为"无限大油藏"状态，第二种定义为"过渡状态"，最后一种定义为"有限大油藏"状态。

"有限大油藏"状态的一个重要特征是井筒内压力随时间线性下降。利用压力递减率可以用来确定单井的泄油面积。首先，根据实际变量而不是无量纲变量形式重写式(6.77)，井底的压力为表示为：

$$p_D(t) = p_i - \frac{Qu}{2\pi KH}\left(\frac{2Kt}{\phi ucR_e^2} + \ln\frac{R_e}{R_w} - \frac{3}{4}\right) \tag{6.78}$$

然后 p_w 对 t 求导：

$$\frac{dp_w}{dt} = -\frac{Qu}{2\pi KH} \cdot \frac{2Kt}{\phi ucR_e^2} = -\frac{Q}{\pi R_e^2 H\phi c} \tag{6.79}$$

因此，后期井筒压力变化率可以用来求出泄油面积的半径，或者是等价地求出泄油面积 A，即：

$$R_e = \left[\frac{-Q}{\pi H\phi c\left(\frac{dp_w}{dt}\right)}\right]^{1/2} \tag{6.80}$$

$$A = \pi R_e^2 = -\frac{Q}{\phi cH(dp_w/dt)} \tag{6.81}$$

通过对油藏内的原油进行物质平衡分析，式(6.79)也可以采用更简单的方式"推导"：

(1)假设整个储层压力是相同的，均为 p（即可以说是一个零维模型）；

(2)令 $M = \rho V\phi$ 为储层中原油的总储量；

(3)按照本书1.6节中的推导，油藏中所含油量的变化与压力的变化关系如下：

$$\frac{\mathrm{d}M}{\mathrm{d}t} = \rho V \phi c_t \frac{\mathrm{d}p}{\mathrm{d}t} \tag{6.82}$$

(4) $\frac{\mathrm{d}M}{\mathrm{d}t}$ 是油藏的质量流速,Q 是体积流量,所以 $\frac{\mathrm{d}M}{\mathrm{d}t} = -\rho Q$,在这种情况下:

$$-Q = V \phi c \frac{\mathrm{d}p}{\mathrm{d}t} \tag{6.83}$$

(5) 油藏的体积表示为:$V = \pi R_e^2 H$,所以式(6.83)与式(6.79)相等。

位于有界圆形油藏中心井的无量纲井筒压力可由式(6.73)绘出,如图 6.5 所示,适用于各种无量纲油藏规模,$R_{De} = R_e/R_w$。基于式(6.67),同时给出了井筒流量恒定和外边界压力恒定情况下的井筒压力。注意:

根据式(6.74),半对数直线从 $t_{Dw} = 25$ 左右开始;根据式(6.75),当 $t_{Dw} = 0.1 R_{De}^2$ 时,"无限大油藏"状态结束。例如,当 $R_{De} = 1000$,曲线开始偏离形式半对数直线的无量纲时间为:$t_{Dw} = 0.1 R_{De}^2 = 1 \times 10^5$。

6.5 非圆形泄油区

如果油藏的泄油区域不是圆形的,并且井不在中心位置,那么 6.4 节中处理的问题就更难解决。如果泄油区域是一个多边形,就像储层被一组线性断层所包围一样,在这种情况下可以在适当位置通过添加镜像井来求解这个问题,请参阅 4.3 节。例如,在一个正方形网格上布置一个无穷排列的镜像生产井,将创建一个正方形的油藏,该油藏有 4 个无流动边界。这种分析的例子可以在斯特里索瓦(Streltsova)1988 年的编写的专著《非均质地层试井》一书中找到。

在不深入分析细节的情况下,对非圆形泄油区域的油井进行如下分析,存在一种"无限大储层"状态,在此状态下,压力脉冲尚未传播到任何外部边界。如果已知泄油区域的几何形状和井的位置,则可以用式(1.36)计算这种情况的持续时间。在这种状态下:

$$\Delta p_{Dw} = \frac{1}{2}(\ln t_{Dw} + 0.80907) \tag{6.84}$$

在这种情况下,油藏整体的几何形状是无关紧要的,其压降与无边界油藏的压降是相同的。

在足够长的时间内,6.4 节中给出的质量平衡的观点必然成立,因此井筒压降变化的速度可以由式(6.79)得出,将公式中的 R_e^2 用 A/π 替换。因此,需要有一个与式(6.77)相同形式的公式来计算压降,其中公式中常数项可能不同。这个状态的持续时间可由式(6.76)式计算,再次将公式中的 R_e^2 用 A/π 替换。但是如果井偏离泄油区域中心的距离相当大,则这一状态的开始就会推迟。在这种情况下,无量纲井筒压降通常采用以下形式:

$$\Delta p_{Dw} = 2\pi t_{DA} + \left(\frac{1}{2}\right) \ln\left(\frac{4A}{\gamma R_w^2 C_A}\right) \tag{6.85}$$

式中,$\gamma = 1.781$,C_A 为无量纲常数,被称为"迪茨形状因子"(Dietz,1965),t_{DA} 为基于泄油区域属性的无量纲时间:

$$t_{DA} = \frac{Kt}{\phi\mu cA} \tag{6.86}$$

对比式(6.85)和式(6.77)得出,对于一口位于圆形储层的中心井,无量纲常数:

$$C_A = \frac{4\pi}{\gamma e^{-3/2}} = 31.62 \tag{6.87}$$

当泄油区域变得更为不圆,或者井的部署位置越来越偏离圆的中心,迪茨形状因子而趋于减小。

其他不同几何形状储层的迪茨形状因子可以在马休斯(Matthews)和拉塞尔(Russell)(1967)合著的专著第111页中找到,图6.7显示了部分几何形状储层的迪茨形状因子。

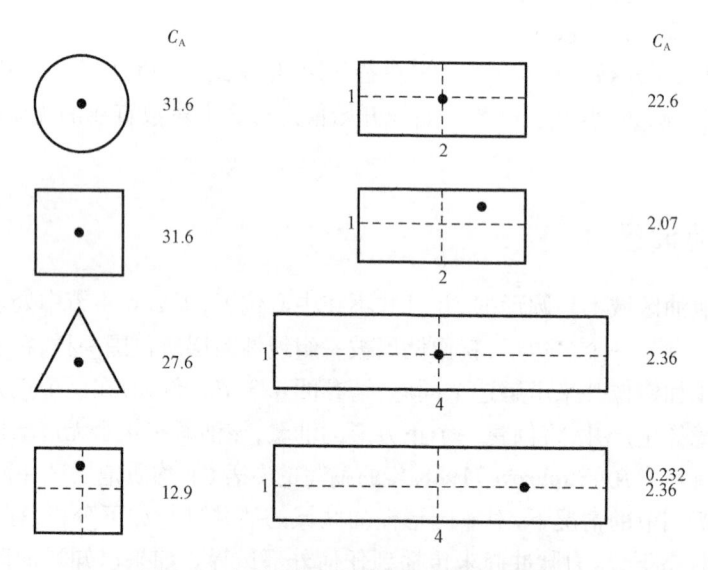

图6.7 各种几何形状储层的迪茨形状因子

本 章 问 题

问题 6.1 从压力降的表达式(6.73)开始,可以看出,对于产量恒定的封闭环状油藏,过渡状态的结束时间为 $t \approx 0.3^{\phi\mu c R_e^2/K}$。

提示:

(1)当 $x > 4$ 时, $e^{-x} \approx 0$,因此对于所有的 n 值当 $\lambda_n^2 t_D > 4$ 时,系列中的所有项都可以忽略。

(2)当 R_{De} 较大时,第一个特征值, λ_1 即定义为满足式(6.71)的最小值,该值非常小。这个认识应该可以帮助你通过做一个与 R_{De} 成反比的合理的假设来估计 λ_1 的值。

(3)利用式(6.37)、式(6.39)和式(6.48)及图6.3。

问题 6.2 根据式(6.69)计算有限大油藏状态下油藏平均压力, $t_{Dw} = t_D > 0.3 R_{De}^2$ 是作为时间的函数。你的结果是否与式(6.83)质量平衡方法计算的结果相一致?

问题 6.3 从式(6.59)开始,计算具有等压外边界的圆形油藏的平均压力,在晚期阶段,所有的指数项都消失了。利用这一结果求出了油井产能方程,该方程将产量与平均储层压力与油井压力之差联系起来。

第7章　油藏工程中的拉普拉斯变换方法

对于不同几何形状的储层和比较复杂的边界条件，求解压力扩散方程的最常用的方法是拉普拉斯变换。利用这种方法，可以将偏微分扩散方程转化为"拉普拉斯域"中的一个常微分方程。一般来说，常微分方程的求解是一个简单、相对容易求解的过程。然后，使用已知的解析方法或数值算法，将拉普拉斯域的解逆变换回"时间域"的解。

在这一章中，我们将首先介绍拉普拉斯变换方法，提出拉普拉斯变换方法在求解压力扩散方程方面的诸多优势，并举例说明如何使用该方法解决一个重要的油藏工程问题——储层中存在垂直水力压裂缝时井的流动问题。最后，利用第3章中已经介绍过的卷积方法，使得计算公式在拉普拉斯域中表达形式显得更简洁明了。

7.1　拉普拉斯变换方法简介

流体在多孔介质中流动的扩散方程是一个线性偏微分方程(PDE)，其线性化形式在第1章中已经推导出来，并在书中已使用。同时，许多经典的应用数学方法都可以用来解决线性偏微分方程。在2.1节中，使用玻尔兹曼变换解决了无限大均匀储层中一口井完全钻穿储层的问题；但在6.1节中，我们又认识到玻尔兹曼变换方法只适用于求解井在无边界储层中的流动问题。

在第6章中，使用特征函数展开的方法求解了圆形储层中井的流动问题。虽然特征函数展开法是应用数学中应用最广泛的方法，但是该方法直到20世纪40年代，玛斯卡特(Muskat)1937年才在他的著作《均匀流体在多孔介质中的流动》一书中首次使用了特征函数展开方法，而之前油藏工程师更倾向于使用拉普拉斯变换方法求解压力扩散方程。

拉普拉斯变换方法可以让我们把通常很难求解的线性偏微分方程转换成线性常微分方程，该方程基本上在所有的条件下都可求解。具体来说，压力函数 $p(R,t)$ 表达式是一个线性偏微分方程，可以将其转换为另一种压力函数 $\hat{p}(R,s)$ 表达形式，该表达式是一个线性常微分方程，其中，s 是起关键作用的拉普拉斯变量(因为没有对 s 求导)。然后，该线性常微分方程可以求解得到 $\hat{p}(R,s)$。拉普拉斯变换方法中最困难的部分是如何将函数从拉普拉斯域"逆变换"带回"时间域"的过程，即将拉普拉斯域下的方程的压力解还原至时间域下的方程解 $p(R,t)$。最后一步可以通过复平面中的围线积分法或沿实轴的数值积分来实现，详细的阐述如下。

在这一节中，我们将介绍拉普拉斯变换的定义，以及一些很重要的性质。从本质上讲，在任何应用数学教科书中都可以找到更全面的论述。目前有三本专门研究拉普拉斯变换(及其相关的变换)的专著：

(1) R. V. 丘吉尔(Churchill)(1958)《运算数学》，麦格劳希尔集团；

(2) H. 卡斯劳(Carslaw)和 J. C. 耶格(Jaeger)(1949)《应用数学中的运算方法》，牛津大学出版社；

(3) C. J. 特兰特(Tranter)(1971)《数学物理中的积分变换》,查普曼和霍尔公司。

定义:如果存在一个函数 $f(t)$,我们将它的拉普拉斯变换定义为:

$$L[f(t)] \equiv \widehat{f}(s) \equiv \int_0^\infty f(t)e^{-st}dt \tag{7.1}$$

根据下文的阐述,可知 $L[f(t)]$ 和 $\widehat{f}(s)$ 这两个符号都很有用。在拉普拉斯变换的一般理论中,参数 s 必须被看作是一个复变量,但为了便于理解,仍可以把它看成是一个实数。

如果存在一个含有两个变量的函数,比如压力函数 $p(R,t)$ 中包含两个变量:径向距离和时间,可以采用类似的方式来定义它的拉普拉斯变换形式:

$$\widehat{p}(R,s) \equiv \int_0^\infty p(R,t)e^{-st}dt \tag{7.2}$$

需要注意的是拉普拉斯变换变量是针对时间的变量,而不是空间的变量。为了简化符号,在讨论一般理论时通常会忽略变量 R。

拉普拉斯变换算子 L 是一个线性算子,它符合拉普拉斯变换定义式(7.1),表示为:

$$L[cf(t)] = \int_0^\infty cf(t)e^{-st}dt = cL[f(t)] \tag{7.3}$$

$$\begin{aligned} L[f_1(t) + f_2(t)] &= \int_0^\infty [f_1(t) + f_2(t)]e^{-st}dt \\ &= \int_0^\infty f_1(t)e^{-st}dt + \int_0^\infty f_2(t)e^{-st}dt \\ &= L[f_1(t) + f_2(t)] \end{aligned} \tag{7.4}$$

拉普拉斯变换最重要的性质是在时间域中求微分实质上对应于 s 在拉普拉斯域上的多重积分。为了证明这一点,考虑函数 $f(t)$ 对时间求导数的拉普拉斯变换:

$$L[f'(t)] = \int_0^\infty f'(t)e^{-st}dt \tag{7.5}$$

现在回忆一下分部积分的一般公式:

$$\int_0^\infty f'(t)g(t)dt = f(t)g(t)\big|_0^\infty - \int_0^\infty f(t)g'(t)dt \tag{7.6}$$

如果在式(7.6)中,假定 $g(t) = e^{-st}$,可得:

$$\begin{aligned} L[f'(t)] &= f(t)e^{-st}\big|_0^\infty + s\int_0^\infty f(t)e^{-st}dt \\ &= f(\infty)e^{-s\cdot\infty} - f(0)e^{-s\cdot 0} + sL[f(t)] \end{aligned}$$

即

$$L[f'(t)] = sL[f(t)] - f(0) \tag{7.7}$$

因此, $f'(t)$ 的拉普拉斯变换等于 $f(t)$ 的拉普拉斯变换乘以算子 s,然后减去 $f(t)$ 的初值 $f(0)$。

式(7.7)阐述了拉普拉斯变换的两个重要性质:

(1)时间域中的微分本质上相当于在拉普拉斯域中乘以算子s。

(2)初始条件直接并入控制方程。这不同于"时域"方法中的情况,"时域"中得到微分方程的通解后,必须单独考虑初始条件。

注:由于我们通常使用的是"压降",压降的定义是当生产时间$t=0$时压降也为零,因此$f(0)$项通常会在计算中消去。

由于对时间的微分相当于在拉普拉斯域中乘以算子,那么可以恰当地推断,对时间的积分相当于在拉普拉斯域中除以算子s。为了证明这一点,令$F(t)$为$f(t)$的时间积分,即:

$$F(t) \equiv \int_0^t f(\gamma)\mathrm{d}\gamma \tag{7.8}$$

式中,γ是一个虚拟的积分变量,它用于避免与出现在上限t的特定值混淆。根据定义,可知:

$$F'(t) = f(t), F(0) \equiv \int_0^0 f(\gamma)\mathrm{d}\gamma = 0 \tag{7.9}$$

现在,利用式(7.7),有:

$$L[F'(t)] = sL[F(t)] - F(0) = sL[f(t)] = sL\left[\int_0^t f(\gamma)\mathrm{d}\gamma\right]$$

通过移项变换得到:

$$L\left[\int_0^t f(\gamma)\mathrm{d}\gamma\right] = \frac{1}{s}L[F'(t)] = \frac{1}{s}L[F(t)] = \frac{1}{s}\widehat{f}(s) \tag{7.10}$$

式(7.10)表明,为了求$f(t)$积分的拉普拉斯变换,我们只需要对$f(t)$做拉普拉斯变换,然后除以s。注意,由于定积分的"初始条件"是零,所以表达式中不存在初始条件项。

拉普拉斯变换的另一个有用的性质是"时移"性。考虑函数$f(t)$和时移函数$f(t-t_0)$,定义如图7.1所示。

注意,当$t<t_0$时,时移函数$f(t-t_0)$被定义为0,这与实际是一致的,当使用拉普拉斯变换时,通常认为,当时间$t<0$,所有

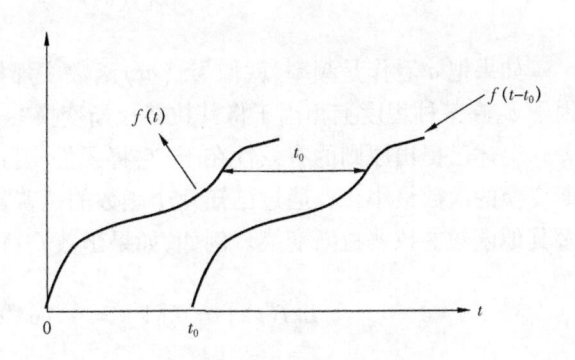

图7.1 $f(t)$函数和时移变量函数$f(t-t_0)$

函数$f(t)$的数值为0(这一假设与生产开始前压力降为0的物理事实是一致的)。

时移函数$f(t-t_0)$的拉普拉斯变换可以直接从$f(t)$的拉普拉斯变换得到。首先根据定义:

$$L[f(t-t_0)] = \int_0^\infty f(t-t_0)\mathrm{e}^{-st}\mathrm{d}t \tag{7.11}$$

现在对变量做一点变化,令$t-t_0=\tau$,在这种情况下$\mathrm{d}t=\mathrm{d}\tau$。

积分的上下限随之变化，由于：

$$\text{当 } t = 0 \text{ 时}, \tau = -t_0; \text{当 } t = \infty \text{ 时}, \tau = \infty \tag{7.12}$$

因此，时移函数 $f(t-t_0)$ 的拉普拉斯变换可表示为：

$$L[f(t-t_0)] = \int_{-t_0}^{\infty} f(\gamma) e^{-s(\gamma+t_0)} d\gamma \tag{7.13}$$

但是当 $t < 0$ 时，$f(t) = 0$，因此：

$$\begin{aligned} L[f(t-t_0)] &= \int_0^{\infty} f(\tau) e^{-s(\tau+t_0)} d\tau = \int_0^{\infty} f(\tau) e^{-s\tau} e^{-st_0} d\tau \\ &= e^{-st_0} \int_0^{\infty} f(\tau) e^{-s\tau} d\tau = e^{-st_0} \widehat{f}(s) \end{aligned} \tag{7.14}$$

因此，可以看出 $f(t)$ 函数延迟一段时间相当于它的拉普拉斯变换乘以 e^{-st_0}。

如果一个函数 $f(t)$ 通过乘以 e^{-at} 来进行延迟，这等价于在 $f(t)$ 的拉普拉斯变换中用 $s+a$ 替换 s。证明如下：

$$L[e^{-at} f(t)] = \int_0^{\infty} f(t) e^{-at} e^{-st} dt = \int_0^{\infty} f(t) e^{-(s+a)t} dt = \widehat{f}(s+a) \tag{7.15}$$

最后，考虑函数 $f(t)$ 和"拉伸"函数 $f(at)$ 之间的关系。$f(at)$ 的拉普拉斯变换与 $f(t)$ 的拉普拉斯变换如下（见问题7.2）：

$$L[f(at)] = \frac{1}{a} \widehat{f}(s/a) \tag{7.16}$$

如果把 a 看作是频率，就像 $\sin(at)$ 函数中那样，式（7.16）表明，将一个函数"加速"一个因子 a，在某种程度上相当于将其拉普拉斯变换"减速"一个因子 $1/a$。

上述已提出原则的有效性在于，它将我们实际操作中应用基本定义式（7.1）计算拉普拉斯变换的次数最小化。通过已知几个函数的拉普拉斯变换形式，可以利用这些原则来计算许多其他函数的拉普拉斯变换。例如，如果函数 $f(t) = 1$，则其拉普拉斯变换为：

$$L[f(t)] = L[1] = \int_0^{\infty} 1 e^{-st} dt = \frac{-1}{s} e^{-st} \Big|_0^{\infty} = \frac{1}{s} \tag{7.17}$$

备注：函数 $f(t) = 1$ 在数学上表现得很好，但是它的拉普拉斯变换不好，因为当 $s = 0$ 时，$\widehat{f}(s) \to \infty$，使得 $\widehat{f}(s)$ 变成无穷大的点，或者是非解析（即不能用泰勒级数表示）的点称为奇点。$\widehat{f}(s) \to \infty$ 的奇点实际上是求函数 $f(t)$ 的逆的关键。但是，我们不会深入研究这些概念，因为需要复变量相关理论的知识。

现在假设要计算 $L[t]$。可以使用式（7.1），但从式（7.10）中更容易看出，由于 t 是 1 的积分，那么 $L(t)$ 可以通过 $L(1)$ 除以 s 得到，即：

$$L(t) = L\left(\int_0^t 1 d\tau\right) = \frac{1}{s} L(1) = \frac{1}{s^2} \tag{7.18}$$

重复应用式(7.10),得到 t^n 的拉普拉斯变换的一般表达式,其中 n 为任意非负整数(见问题 7.3):

$$L(t^n) = \frac{n!}{s^{n+1}} \tag{7.19}$$

在求解压力扩散问题时经常出现的另一个拉普拉斯变换是 $L(t^{-1/2})$:

$$L(t^{-1/2}) = \int_0^\infty t^{-1/2} e^{-st} dt \tag{7.20}$$

要计算这个积分,首先改变变量 $st = u$,在这种情况下 $dt = du/s$,积分变成:

$$L(t^{-1/2}) = \int_0^\infty (u/s)^{-1/2} e^{-u} \frac{du}{s} = \frac{1}{\sqrt{s}} \int_0^\infty u^{-1/2} e^{-u} du \tag{7.21}$$

现在假设 $u = m^2$,在这种情况下:$du = 2m dm = 2\sqrt{u} dm$,得出:

$$L(t^{-1/2}) = \frac{2}{\sqrt{s}} \int_0^\infty e^{-m^2} dm = \frac{2}{\sqrt{s}} \frac{\sqrt{\pi}}{2} = \sqrt{\frac{\pi}{s}} \tag{7.22}$$

也可以表示为:

$$L^{-1}(\pi^{1/2} s^{-1/2}) = t^{-1/2} \tag{7.23}$$

拉普拉斯域中除以 s 本质上对应于时域对 t 的积分,应用该原则可以得出,从式(7.23)开始

$$L^{-1}(\pi^{1/2} s^{-3/2}) = \int_0^t \tau^{-1/2} d\tau = 2t^{1/2}$$

$$\rightarrow L(t^{1/2}) = \frac{\sqrt{\pi}}{2 s^{3/2}} \tag{7.24}$$

这个过程可以重复以给出,当 $n = 1, 2, \cdots$,有:

$$L(t^{n-1/2}) = \frac{1 \times 3 \times 5 \times \cdots \times (2n-1) \sqrt{\pi}}{2^n s^{n+1/2}} \tag{7.25}$$

例如,对于 $n = 3$,根据式(7.25)可得出:

$$L(t^{5/2}) = \frac{15 \sqrt{\pi}}{8 s^{7/2}}$$

使用拉普拉斯变换最困难的地方是"逆变换",即用拉普拉斯变换 $\hat{f}(s)$ 来求函数 $f(t)$。困难在于,尽管石油工程师最终只对实值函数感兴趣,但标准反演过程涉及在复平面上的积分。反演公式让我们从 $\hat{f}(s)$ 中逆变换回 $f(t)$,计算公式为:

$$f(t) = \frac{1}{2\pi i} \int_{a-i\infty}^{a+i\infty} \hat{f}(s) e^{st} ds \tag{7.26}$$

其中：$i = \sqrt{-1}$是虚数单位，积分沿复平面上所有奇点右侧的任意垂直线进行；如图 7.2 所示，其中 $s = x + iy$。式（7.26）的证明并不简单，证明过程可以在卡斯劳（Carslaw）和杰格（Jaeger）（1949）或丘吉尔（1958）的编著的专著中找到。

为了用这种方法解压力扩散方程，还需要下面用到的一个关于拉普拉斯变换的原则：

如果函数 $p(R,t)$ 是 R 和 t 的函数，那么 $\hat{p}(R,s)$ 是它的拉普拉斯变换，如式（7.2）所定义。p 的偏导数相对于 r 的拉普拉斯变换等于 p 的拉普拉斯变换相对于 J_2 的偏导数，即：

$$L\left(\frac{\mathrm{d}p}{\mathrm{d}R}\right) = \frac{\mathrm{d}}{\mathrm{d}R}\{L[p(R,t)]\} = \frac{\mathrm{d}\hat{p}(R,s)}{\mathrm{d}R} \quad (7.27)$$

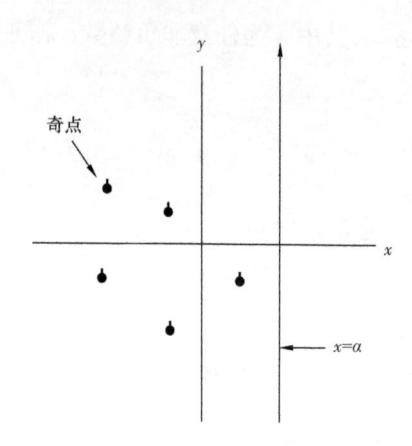

图 7.2　式（7.26）拉普拉斯变换反演积分的积分路径

这个原则的证明直接遵循莱布尼茨（Leibnitz）定理，即对被积函数中出现的参数求积分微分：

$$L\left[\frac{\mathrm{d}p(R,t)}{\mathrm{d}R}\right] = \int_0^\infty \frac{\mathrm{d}p(R,t)}{\mathrm{d}R}\mathrm{e}^{-st}\mathrm{d}t = \frac{\mathrm{d}}{\mathrm{d}R}\int_0^\infty p(R,t)\mathrm{e}^{-st}\mathrm{d}t = \frac{\mathrm{d}\hat{p}(R,s)}{\mathrm{d}R} \quad (7.28)$$

第二项首先对 R 求导，然后对 t 积分，第三项首先对 t 积分，然后对 R 求导。莱布尼茨（Leibnitz）定理告诉我们，这两个操作过程的顺序无关紧要。

7.2　水力压裂井的流动问题

一般来说，拉普拉斯变换的精确反演（与数值反演相反，数值反演将在拉普拉斯变换 LT 的 7.4 节中讨论）需要复变量理论的知识。在不了解复变积分的情况下，利用拉普拉斯变换方法可以解决的几个重要的流动问题，其中之一是半无限大区域内的一维（1D）扩散方程。

例如，一维压力扩散问题与水力压裂井的流动有关。例如，在低渗透油藏中，在高压下条件下向井筒内注入流体，当高压流体进入岩体后产生裂缝。该内容参见本硕士课程的地质力学部分。这些"水力裂缝"为原油到达井筒提供了很好的传导路径。原油首先流入裂缝，然后通过裂缝进入到油井。

假设储层厚度为 H，水力裂缝从垂直井筒向各方向延伸的长度为 L，如图 7.3 所示。最初，流体直接流向裂缝最近的部分，然后穿过水力裂缝进入井筒。在早期，如果水力裂缝的长度 L 很大，我们可以将该流动过程建模为均匀、一维、水平流动。

在笛卡儿坐标下，该问题的控制方程为

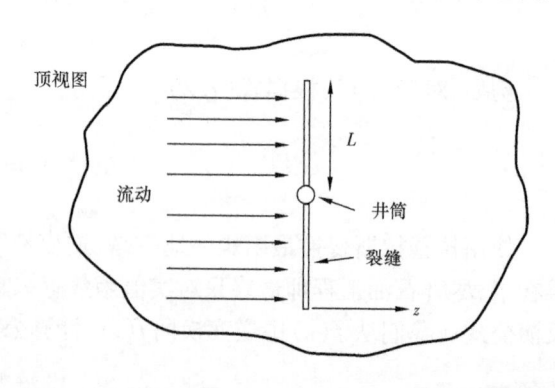

图 7.3　水力压裂井的一维流动示意图（顶视图）

一维压力扩散方程[式(1.3.3)]:

偏微分方程

$$\frac{\mathrm{d}p}{\mathrm{d}t} = D\frac{\mathrm{d}^2 p}{\mathrm{d}z^2} \tag{7.29}$$

式中:z 为与裂缝面垂直的坐标 D 为水力扩散系数 $K/\phi\mu C_t$。

如果流入井的总流量为 Q,且该流量均匀分布在 $4LH$ 区域(两条裂缝有两个面,每个面的面积为 LH),则初始条件和边界条件为:

初始条件

$$p(z, t = 0) = p_i \tag{7.30}$$

外边界条件

$$p(z \to \infty, t) = p_i \tag{7.31}$$

裂缝边界条件

$$\frac{\mathrm{d}p}{\mathrm{d}z}(z = 0, t) = \frac{\mu Q}{4KLH} \tag{7.32}$$

为了解决这个问题,首先定义了 $p(z,t)$ 的拉普拉斯变换形式:

$$\widehat{p}(z, s) \equiv \int_0^\infty p(z,t)\mathrm{e}^{-st}\mathrm{d}t \tag{7.33}$$

接下来,对式(7.29)两边采用拉普拉斯变换。利用式(7.7)和式(7.30),可将式(7.29)拉普拉斯变换为:

$$L\left(\frac{\mathrm{d}p}{\mathrm{d}t}\right) = sL[p(z,t)] - p(z, t = 0) = s\widehat{p}(z,s) - p_i \tag{7.34}$$

两次应用拉普拉斯变换的原则,即式(7.27)和式(7.29)中 RHS 的拉普拉斯变换为:

$$L\left(D\frac{\mathrm{d}^2}{\mathrm{d}z^2}\right) = D\frac{\mathrm{d}^2}{\mathrm{d}z^2}\{L[p(z,t)]\} = D\frac{\mathrm{d}^2\widehat{p}(z,s)}{\mathrm{d}z^2} \tag{7.35}$$

因此,式(7.29)的变换可表示为:

常微分方程

$$D\frac{\mathrm{d}^2\widehat{p}(z,s)}{\mathrm{d}z^2} - s\widehat{p}(z,s) = -p_i \tag{7.36}$$

虽然 $L[p(z\to\infty,t)] = \widehat{p}(z=\infty,t) = L[p_i] = \frac{p_i}{s}$ 是两个变量 z 和 s 的函数,但是在式(7.36)中没有出现 $\widehat{p}(z,s)$ 对 s 的导数。因此,s 实际上是作为一个参数出现在式(7.36)中,而不是一个变量。因此,式(7.36)是一个常微分方程,而不是一个偏微分方程。

初始条件已经包含在式(7.36)中,然后得出两个边界条件式(7.31)和式(7.32)的拉普拉斯变换形式：

外边界条件

$$L[p(z\to\infty,t)] = \widehat{p}(z=\infty,t) = L(p_i) = \frac{p_i}{s} \tag{7.37}$$

裂缝边界条件

$$L\left[\frac{dp}{dz}(z=0,t)\right] = \frac{dp}{dz}(z=0,s) = L\left(\frac{\mu Q}{4KLH}\right) = \frac{\mu Q}{4KLHs} \tag{7.38}$$

接下来,在拉普拉斯域中求解这个问题,式(7.36)的通解为:

$$\widehat{p}(z,s) = Ae^{z\sqrt{s/D}} + Be^{-z\sqrt{s/D}} + \frac{p_i}{s} \tag{7.39}$$

式中,A 和 B 为任意常数。首先将外边界条件式(7.37)式应用于通解式(7.39)中,得出 A 必须为零,然后将裂缝边界条件式(7.38)应用于通解式(7.39)中可得出：

$$\frac{d\widehat{p}}{dz}(z=0,s) = -B\sqrt{s/D} = \frac{\mu Q}{4KLHs}$$

$$\to B = \frac{-\mu Q}{4KLHs\sqrt{s/D}} \tag{7.40}$$

我们已经得出了常数 A 和 B,该问题在拉普拉斯域中的解是：

$$\widehat{p}(z,s) = \frac{p_i}{s} - \frac{\mu Q\sqrt{D}}{4KLHs^{3/2}}e^{-z\sqrt{s/D}} \tag{7.41}$$

最后,必须对 $\widehat{p}(z,s)$ 进行反演才能得到 $p(z,t)$,为了使分析简单明了,我们只对裂缝中的压力 $p(z=0,t)$ 进行反演,因为此压力实际上是我们最关注的压力。如果裂缝的渗透率远大于储层渗透率(这就是水力压裂的原理),那么裂缝中的压降就很小,裂缝内的压力就等于井筒内的压力。

$$\widehat{p}(z=0,s) = \frac{p_i}{s} - \frac{\mu Q\sqrt{D}}{4KLHs^{3/2}} \tag{7.42}$$

注：这说明了拉普拉斯变化方法的另一个优点,我们通常不用先求油藏中每一点的压力就能求出井筒压力。但是对于大多数其他的数学方法,必须首先得到 $p(z,t)$ 完整的函数表达形式,然后再令 $z=0$ 才能得到 $p(z=0,t)$。

现在用式(7.17)和式(7.24)可"逆"求出 $p(z=0,t)$,[参考斯图尔特(Stewart),2011,第478页],得到：

$$p(z=0,t) = L^{-1}[\widehat{p}(z=0,s)] = L^{-1}\left(\frac{p_i}{s} - \frac{\mu Q\sqrt{D}}{4KLHs^{3/2}}\right)$$

$$= p_i L^{-1}\left(\frac{1}{s}\right) - \frac{\mu Q\sqrt{D}}{4KLHs^{3/2}}L^{-1}\left(\frac{1}{s^{3/2}}\right) = p_i - \frac{\mu Q}{2KLH}\sqrt{\frac{Dt}{\pi}} \tag{7.43}$$

由式(7.43)可知,早期裂缝井的压降会随着 $t^{-1/2}$ 增大而增大。

7.3 拉普拉斯域的卷积原理

(3.4.6)式中出现的卷积积分是一种更一般数学运算的特殊情况,可以用:

$$f*g \equiv \int_0^t f(\tau)g(t-\tau)\mathrm{d}\tau \tag{7.44}$$

卷积积分也就是 f 和 g 两个函数的卷积。如果将 $t-\tau = x$ 带入式(7.44)中,则 $\tau = t-x$,$\mathrm{d}\tau = -\mathrm{d}x$,积分上下限转换为 $x = t, x = 0$。因此,

$$f*g = -\int_t^0 f(t-x)g(x)\mathrm{d}x = \int_0^t f(t-x)g(x)\mathrm{d}x \equiv g*f \tag{7.45}$$

以上表明对于任意两个函数 f 和 g,存在关系:

$$f*g = g*f$$

下面,让我们看看 $f*g$ 函数的拉普拉斯变换:

$$L(f*g) = \int_{t=0}^{t=\infty} \left[\int_{\tau=0}^{\tau=t} f(\tau)g(t-\tau)\mathrm{d}\tau \right] e^{-st}\mathrm{d}t \tag{7.46}$$

积分区域覆盖了 (t,τ) 平面的第一个八分之一区域,如图 7.4 所示。对于固定的时间 t,左边的粗线从 $t=0$ 到 $\tau = t$,对应于式(7.46)中的内积分。如果我们把这条线从左往右扫,那么覆盖范围从 $t=0$ 到 $t=\infty$,对应于式(7.46)中外部积分。

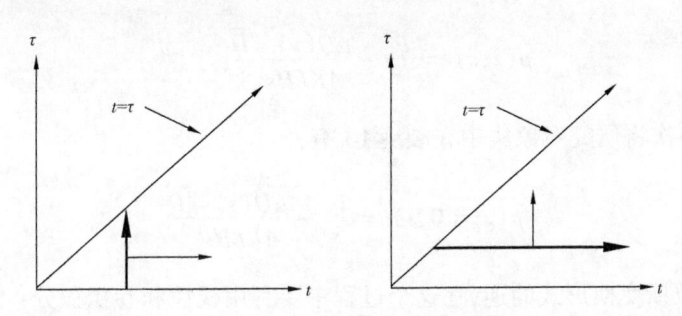

图7.4 式(7.46)两条不同的积分路径

首先让 t 从 $t=\tau$ 到 $t=\infty$,对于固定的 t(见右边粗线),然后让 t 从 $\tau = 0$ 到 $\tau = \infty$,这个八分之一区域也可以被覆盖。因此,我们也可以把卷积积分写成:

$$L(f*g) = \int_{\tau=0}^{\tau=\infty} \left[\int_{t=\tau}^{t=\infty} g(t-\tau)e^{-st}\mathrm{d}t \right] f(\tau)\mathrm{d}\tau \tag{7.47}$$

如果令(7.3.4)式中 $t-\tau = x$,则 $t = \tau + x$,$\mathrm{d}t = \mathrm{d}x$,内积分的积分上下限变换为 $x=0, x=\infty$,因此:

$$L(f*g) = \int_{\tau=0}^{\tau=\infty}\left[\int_{x=0}^{x=\infty}g(x)\mathrm{e}^{-s(\tau+x)}\mathrm{d}x\right]f(\tau)\mathrm{d}\tau$$

$$= \left[\int_{\tau=0}^{\tau=\infty}f(\tau)\mathrm{e}^{-st}\mathrm{d}\tau\right]\left[\int_{x=0}^{x=\infty}g(x)\mathrm{e}^{-sx}\mathrm{d}x\right] = \widehat{f}(s)\widehat{g}(s) \quad (7.48)$$

由此,我们证明了时域内对两个函数的卷积对应于它们的拉普拉斯变换算子的乘积。这个结论和认识非常有用,因为:

(1)这意味着,如果可以把一个难解的拉普拉斯变换分解成两个已知逆变换的简单变换函数的乘积,那么就可以在时域内,通过卷积积分,得到完整的逆函数。

(2)更重要的是,它意味着,对于任意给定几何形状的油藏,如果能得出恒定产量条件下的扩散方程,那么任意工作制度扩散方程的解都可以通过卷积积分得到。

实际上,我们在书中 3.4 节已经得出以上认识。然而,这个概念更为普遍,例如,我们还可以用卷积积分来求井底压力变化情况下扩散方程的解与井底压力恒定情况下的解。

作为拉普拉斯域中卷积应用的一个例子,考虑 7.2 节的水力裂缝问题,但裂缝中有一个任意的随时间变化的产量 $Q(t)$。此问题压力扩散方程式中唯一的变化是裂缝边界条件式(7.32),现在变成了:

$$\frac{\mathrm{d}p}{\mathrm{d}z}(z=0,t) = \frac{\mu Q(t)}{4KLH} \quad (7.49)$$

如果遵循 7.2 节中使用的求解方法及过程,唯一的变化是需要取边界条件的拉普拉斯变换形式,在这种情况下,$\mu Q/(4KLHs)$ 被更通用的 $\mu \widehat{Q}(s)/(4KLH)$ 表达式所代替。拉普拉斯空间的压力解变成:

$$\widehat{p}(z,s) = \frac{p_\mathrm{i}}{s} - \frac{\mu \widehat{Q}(s)\sqrt{D}}{4KLHs^{1/2}}\mathrm{e}^{-z\sqrt{s/D}} \quad (7.50)$$

当 $z=0$ 时,再次将研究对象集中在裂缝上,有:

$$\widehat{p}(z=0,s) = \frac{p_\mathrm{i}}{s} - \frac{\mu \widehat{Q}(s)\sqrt{D}}{4KLHs^{1/2}} \quad (7.51)$$

现在求拉普拉斯变换形式的逆,在这个过程中要利用线性和卷积积分:

$$p(z=0,s) = L^{-1}[\widehat{p}(z=0,s)] = L^{-1}\left(\frac{p_\mathrm{i}}{s} - \frac{\mu \widehat{Q}(s)\sqrt{D}}{4KLHs^{1/2}}\right)$$

$$= p_\mathrm{i}L^{-1}\left(\frac{1}{s}\right) - \frac{\mu\sqrt{D}}{4KLH}L^{-1}\left[\frac{\widehat{Q}(s)}{s^{1/2}}\right]$$

$$= p_\mathrm{i} - \frac{\mu\sqrt{D}}{4KLH}\{L^{-1}[\widehat{Q}(s)]\}*[L^{-1}(s^{1/2})] \quad (7.52)$$

但是根据定义,$L^{-1}[\widehat{Q}(s)] = Q(t)$,根据式(7.23)得出:$L^{-1}(s^{-1/2}) = (\pi t)^{-1/2}$

因此,式(7.52)可变换为:

$$p(z=0,t) = p_i - \frac{\mu\sqrt{D}}{4KLH}[Q(t)]*[(\pi t)^{-1/2}]$$

$$= p_i - \frac{\mu\sqrt{D}}{4KLH}\int_0^t \frac{Q(\tau)}{\sqrt{t-\tau}}d\tau$$

$$= p_i - \frac{1}{4LH}\sqrt{\frac{\mu}{\pi K\phi c}}\int_0^t \frac{Q(\tau)}{\sqrt{t-\tau}}d\tau \qquad (7.53)$$

$$= p_i - \frac{1}{A}\sqrt{\frac{\mu}{\pi K\phi c}}\int_0^t \frac{Q(\tau)}{\sqrt{t-\tau}}d\tau$$

$$= p_i - \sqrt{\frac{\mu}{\pi K\phi c}}\int_0^t \frac{q(\tau)}{\sqrt{t-\tau}}d\tau$$

只需要在时域做一个积分,式(7.53)使得我们可以得出裂缝中的压力分布,并且是作为单位面积时变流量的函数:

$$q(t) = Q(t)/A$$

尽管对于某些特定的产出量 $q(t)$,很难用解析的方法计算这个积分,但是用数值计算方法是很简单的。卷积会得到一个随时间变化的积分,它是一个实数变量,这样的积分通常比式(7.26)中指定的复变逆积分更容易计算。

7.4 拉普拉斯变换的数值反演

复积分使得我们能够将压力的拉普拉斯变换转化为时间的函数,但是通常很难用封闭的形式来计算。因此,人们设计了许多算法来进行拉普拉斯变换数值反演。这些方法在石油工程中的运用可以参考达尔塔班(Daltaban)和沃尔(Wall)在1998年编著的《压力分析的基础和应用》。

在石油工程中,应用最广泛的算法是 Stehfest 数值反演算法(1968)。虽然该方法的推导过程很长,并且超出了本书阐述的范围,但是可以大致理解如下。

一般来说,任何一个积分都可以用求和的方法近似得到,其项由被积函数在不同的离散点上计算而成,每个函数的计算都乘以一个适当的加权因子。

例如,讨论一下基于梯形法则的积分的数值近似。假设一个函数 $f(x)$,从 $x=a$ 积分到 $x=b$,根据我们学习过的知识,积分的结果可以认为是函数图像的面积。$f(x)$ 图形的面积可以近似为图 7.5 所示的梯形面积,即:

$$\int_a^b f(x)dx \approx \left[\frac{f(a)+f(b)}{2}\right](b-a) \qquad (7.54)$$

这个公式通过计算被积函数在 $x=a$ 和 $x=b$ 处的值来近似积分,将两个函数值乘以权重因子 $(b-a)/2$,然后求和。更精确的积分数值近似可以通过以下方法实现:

(1)在更多的点上求被积函数的值;

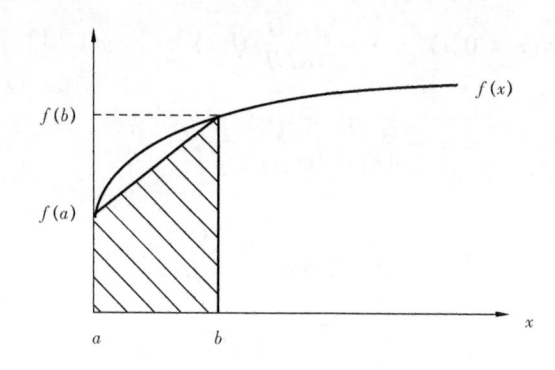

图 7.5 用梯形法则近似求积分

(2) 仔细选择被积函数求值的数据点(即它们不需要等间距);
(3) 仔细选择权重因子。

考虑到以上观点,可以认为 Stehfest 算法是一种通过有限的函数值加权求和来逼近复杂反演积分的有效方法。

假设我们有井筒压力的拉普拉斯变换形式 $\hat{p}_w(s)$,根据数值反演,则 t 时刻实际井筒压力为:

$$p_w(t) = \frac{\ln 2}{t} \sum_{n=1}^{2N} V_n \hat{p}_w\left(s = \frac{n\ln 2}{t}\right) \tag{7.55}$$

其中,权重因子 V_n 定义如下:

$$V_n = (-1)^n \sum_{k=(n+1)/2}^{\min(n,N)} \frac{k^N (2k)!}{(N-k)!k!(k-1)!(n-k)(2k-n)!} \tag{7.56}$$

式中系列的总项数是 $2N$。

Stehfest 数值反演算法的一个优点是,它允许我们避免计算复杂的 s 值的 $\hat{f}(s)$,正如式(7.26)所示的积分路径所要求的那样;相反,该方法只要求取 $\hat{f}(s)$ 在 s 实值处的值。

但是请注意,如果可以通过解析方法求解反演积分,将得到一个对所有 t 值都有效的数学表达式。但是,如果使用一个数值程序,比如 Stehfest 数值反演算法,必须对 t 的每个值进行一个新的计算。这是所有数值方法共同的缺点。

原则上,随着级数中项数(即 $2N$)的增加,近似的精度应该增加。但是在实践应用中,如果取了太多的项,累积的四舍五入误差开始掩盖额外的准确性。一般认为 $2N$ 的最优值约为 18。

本 章 问 题

问题 7.1 函数 $f(t) = e^{-at}$ 的拉普拉斯变换是什么?

问题 7.2 利用拉普拉斯变换的基本定义(7.1)式验证(7.16)式。

问题 7.3 利用拉普拉斯变换的某些一般性质来进行变换,推导出(7.19)式,$L\{t^n\} = n!/s^{n+1}$,其中 n 可取任意非负整数。

问题 7.4 按照第 7.2 节的步骤,利用拉普拉斯变换,解决当裂缝内压力恒定时,水力裂缝中的线性流动问题:

偏微分方程

$$\frac{1}{D}\frac{dp}{dt} = \frac{d^2 p}{dz^2} \qquad \text{(i)}$$

初始条件

$$p(z, t = 0) = p_i \qquad \text{(ii)}$$

外边界条件

$$p(z \to \infty, t) = p_i \qquad \text{(iii)}$$

裂缝边界条件

$$p(z = 0, t) = p_f \qquad \text{(iv)}$$

首先,求拉普拉斯域中的压力函数 $\hat{p}(z, s)$,然后得出拉普拉斯域中的流量的表达式,表示为 $\hat{Q}_f(s)$,最后将 $\hat{Q}_f(s)$ 转化来为实际域中得出裂缝中的流量与时间的函数 $Q_f(s)$。

第8章 天然裂缝性油藏

许多储层中含有相互连接的天然裂缝网络,这些裂缝影响着流体在储层中的渗流能力。事实上,据估计世界探明储量的40%左右都存在于天然裂缝性储层中。与常规的非裂缝性油藏相比,此类油藏的流体流动更为复杂,不能用前几章中已经推导和求解的方程来精确地建立渗流数学模型。

在本章中,将推导出广泛应用于天然裂缝性储层的"双重孔隙"模型的数学控制方程,并得出双重孔隙裂缝性储层中直井的"线源"解。

8.1 巴伦布莱特(Barenblatt)等的双重孔隙模型

巴伦布莱特(Barenblatt)等在1960年首次建立了裂缝性储层的基本数学模型,称为双重孔隙模型;沃伦(Warren)和鲁特(Root)在1963年用该方程来解决无边界裂缝性储层中一口井的流动问题。自此以后,后人对该方程又进行了一系列的改进,求解得到了许多不同几何形状储层的方程,并且在数学模型中还考虑了井筒储存和表皮效应等问题。在本节中,首先简要阐述该数学模型,然后提出并分析无边界天然裂缝性储层中一口井的流动问题。

在双重孔隙模型中,假定储层"宏观尺度"的渗透性仅与裂缝网络有关。地层中的流体只能通过与井筒相连的裂缝流入井内。裂缝之间的岩石区域称为"基质岩块",大部分原油存在于基质岩块中,并假定流体只能从基质中流入裂缝,而不能直接流到井筒中(即双孔单渗模型)。

建立裂缝性储层双重孔隙模型的第一步是从裂缝网络中的孔隙介质的压力扩散方程入手。对第1章给出的压力扩散方程的推导进行了明显而直接的修正,一般情况下,修正后的扩散方程表明扩散方程可包括源汇项,该源汇项表示向裂缝系统中注入流体或流体从裂缝系统中产出。

在目前的双重孔隙系统中,源汇项代表了流体在单位时间和单位体积下从基质岩块流入裂缝的体积流量。因此,在径向坐标下"裂缝系统"的压力扩散方程表示为:

$$(\phi c)_f \frac{dp_f}{dt} = \frac{K_f}{\mu} \frac{1}{R} \frac{d}{dR}\left(R \frac{dp_f}{dR}\right) + q_{mf} \tag{8.1}$$

式中,下标f表示裂缝系统的相关属性;q_{mf}表示"裂缝基质的窜流项",其单位为[m³/m³·s]或(1/s);式(8.1)左边的压缩性项是指裂缝系统中充满流体后的总的压缩性,它包括地层压缩性(裂隙岩体)和流体压缩性两部分。

宏观连续尺度的裂缝网络的渗透率K_f与单个裂缝的"渗透率"有关,但数值上绝不相等;见耶格(Jaeger)等的专著第12.8小节中的论述(2007)。

简而言之,如果每个裂缝的缝高为h,裂缝间距为S,那么单个裂缝的"渗透率"可表示为:

$$K_{if} = h^2/12$$

宏观裂缝网络的渗透率可通过下式计算得出：
$$K_f = h^3/12S$$

因此裂缝网络的渗透率与单个裂缝的渗透率之比为 h/S。一般情况下，裂缝高度的取值范围为 $100\sim1000\mu m$，裂缝系统的间距约为 $10\sim100cm$，因此宏观裂缝网络的渗透率与单个裂缝的渗透率比值在 $10^{-4}\sim10^{-2}$ 范围之间。文中特别强调这一点主要是为了避免读者在阅读文献时产生混淆。

备注：在双重孔隙模型中，每个"点" R 表示一个裂隙岩体的典型表征单元体（REV）（见1.3节），表征单元体要求体积足够大，其中可以包含多条裂缝和基质岩块。尽管如此，这种假设条件在实际油藏中较少见，但是双孔隙模型已经在地热储层开发中被广泛应用，如裂缝间距达数十米的地方。

卡泽米（Kazemi）(1969)和其他人在研究中发现，可以通过求解基质岩块的流动方程得出裂缝和基质岩块之间的窜流项。然而，大多数的双孔隙度方程都基于巴伦布莱特（Barenblatt）等(1960)提出的双孔隙模型，该理论假设储层中某一点基质岩块到裂缝的流动和裂缝压力与基质岩块的平均压力 $\bar{p}_m$ 之差成正比；这一假设被称为"拟稳态裂缝/基质窜流"。由于从岩块中排出到裂缝中的液体流量与基质渗透率成正比，与流体黏度成反比，因此窜流方程 q_{mf} 可表示为：

$$q_{mf} = \frac{\alpha K_m}{\mu}(\bar{p}_m - p_f) \tag{8.2}$$

式中，α 称为"形状因子"，与基质岩块的大小和形状有关。

因次分析表明形状因子 α 的量纲为 $(1/L^2)$，或用国际单位表示为 $(1/m^2)$。相关文献中出现了许多形状因子的表达式，通常是用有限差分近似计算岩块中的流动。例如，对于边长为 L 的立方体，沃伦（Warren）和鲁特（Root）(1963)提出形状因子 α 为 $60/L^2$，卡泽米（Kazemi）等(1976)认为形状因子 α 为 $12/L^2$，而昆塔德（Quintard）和惠特克（Whitaker）(1996)认为形状因子 α 应为 $49.62/L^2$。

在等压外边界条件下，某一确定几何形状基质岩块的形状因子 α 的精确值可以通过计算基质岩块内压力扩散方程的最小特征值得到，可参考齐默尔曼（Zimmerman）等的文献(1993)。一些简单的具有理想几何形状的岩体的形状因子如下：

半径为 a 的球形岩块

$$\alpha = \frac{\pi^2}{a^2} \tag{8.3}$$

半径为 a 的长圆柱岩块

$$\alpha = \frac{5.78}{a^2} \tag{8.4}$$

边长为 L 的正方体岩块

$$\alpha = \frac{3\pi^2}{L^2} \tag{8.5}$$

边长为 L_x, L_y 和 L_z 的长方体岩块

$$\alpha = \pi^2 \left[\frac{1}{L_x^2} + \frac{1}{L_y^2} + \frac{1}{L_z^2} \right] \tag{8.6}$$

如果储层中的裂缝系统由三组相互正交的平行裂缝组成,裂缝间距为 L_x, L_y 和 L_z, 则基质岩块为长方体岩块。因此,在这种情况下,采用最后一种模型计算形状因子虽然简化,但符合实际情况。

式(8.1)和式(8.2)给出了裂缝压力、平均基质压力和裂缝、基质间的窜流量 $\{p_f, \bar{p}_m, q_{mf}\}$ 三个未知数的两个方程,第三个方程是根据基质岩块的质量守恒定律得到的。通过与式(6.83)对比,可得出:

$$q_{mf} = -(\phi c)_m \frac{d\bar{p}_m}{dt} \tag{8.7}$$

公式等于右边的压缩性项表示的是基质岩块的总压缩性,包括基质地层和储层中流体的压缩性。式(8.1)、式(8.2)和式(8.7)给出了一组完整的方程,求解可得到储层中压力分布和井的产量。

8.2 双重孔隙方程的无量纲形式

在给出无边界双重孔隙储层中井筒压力求解方法之前,在井筒流量恒定的情况下,用无量纲形式写出该情况下的数学控制方程是很方便的。

首先定义以下无量纲变量。

无量纲时间:

$$t_D = \frac{K_f t}{(\phi_f c_f + \phi_m c_m) \mu R_w^2} \tag{8.8}$$

以上是"标准"的定义,但是是基于裂缝网络的渗透性 K_f 及总的储集率,即裂缝储集率与基质储集率之和。

裂缝中的无量纲压力:

$$p_{Df} = \frac{2\pi K_f H(p_i - p_f)}{\mu Q} \tag{8.9}$$

式(8.9)也是2.2节中的标准定义,其中 Q 表示流体流入井内的流量。

基质岩块中的无量纲压力:

$$p_{Dm} = \frac{2\pi K_f H(p_i - \bar{p}_m)}{\mu Q} \tag{8.10}$$

该定义基于裂缝系统渗透率 K_f 而不是基质岩块渗透率 K_m, 这是为了与 p_{Df} 的定义保持一致。

无量纲半径:

$$R_D = \frac{R}{R_w} \tag{8.11}$$

式(8.11)为之前在单重孔隙油藏中的标准定义。

现用以上定义和链式法则,将式(8.1)、式(8.2)和式(8.7)变换为无量纲形式。先从式(8.1)的左侧开始。

$$
\begin{aligned}
(\phi c)_f \frac{dp_f}{dt} &= (\phi c)_f \frac{dp_f}{dp_{Df}} \cdot \frac{dp_{Df}}{dt_D} \cdot \frac{dt_D}{dt} \\
&= (\phi c)_f \frac{-\mu Q}{2\pi K_f H} \frac{dp_{Df}}{dt_D} \frac{K_f}{(\phi_f c_f + \phi_m c_m)\mu R_w^2} \\
&= -\frac{\phi_f c_f Q}{(\phi_f c_f + \phi_m c_m)2\pi H R_w^2} \frac{dp_{Df}}{dt_D}
\end{aligned}
\tag{8.12}
$$

对式(8.1)中的空间导数项应用同样的方法给出:

$$\frac{K_f}{\mu} \frac{1}{R} \frac{d}{dR}\left(R \frac{dp_f}{dR}\right) = \frac{-Q}{2\pi H R_w^2} \frac{1}{R_D} \frac{d}{dR_D}\left(R_D \frac{dp_{Df}}{dR_D}\right) \tag{8.13}$$

最后,利用式(8.7)对式(8.1)中的 q_{mf} 进行转换。与式(8.12)类似,该项变成:

$$q_{mf} = -(\phi c)_m \frac{d\bar{p}_m}{dt} = \left[\frac{\phi_m c_m Q}{(\phi_f c_f + \phi_m c_m)2\pi H R_w^2}\right] \frac{dp_{Dm}}{dt_D} \tag{8.14}$$

将式(8.12)至式(8.14)代入式(8.1)中,得出:

$$\frac{1}{R_D} \frac{d}{dR_D}\left(R_D \frac{dp_{Df}}{dR_D}\right) = \frac{\phi_f c_f}{(\phi_f c_f + \phi_m c_m)} \frac{dp_{Df}}{dt_D} + \frac{\phi_m c_m}{(\phi_f c_f + \phi_m c_m)} \frac{dp_{Dm}}{dt_D} \tag{8.15}$$

式(8.15)即为式(8.1)的无量纲表达形式。

同样地,现在根据无量纲变量写出式(8.2)的无量纲形式:

$$q_{mf} = \frac{\alpha K_m}{\mu}(\bar{p}_m - p_f) = \frac{-\alpha K_m Q}{2\pi k_f H}(p_{Dm} - p_{Df}) \tag{8.16}$$

将这个结果代入式(8.14)得出:

$$\frac{\phi_m c_m}{(\phi_f c_f + \phi_m c_m)} \frac{dp_{Dm}}{dt_D} = \frac{\alpha K_m R_w^2}{K_f}(p_{Df} - p_{Dm}) \tag{8.17}$$

这两个方程包含两个无量纲参数。第一个无量纲参数表示裂缝的储集性与总的(裂缝+基质)储集性之比,用 ω 表示:

$$\omega = \frac{\phi_f c_f}{\phi_m c_m + \phi_f c_f} \tag{8.18}$$

第二个无量纲参数为传导率之比 λ,其本质上是基质渗透率与裂缝渗透率的比值,将 λ 进行几何变换得:

$$\lambda = \frac{\alpha K_{\mathrm{m}} R_{\mathrm{w}}^2}{K_{\mathrm{f}}} \tag{8.19}$$

由于裂缝孔隙度通常比基质孔隙度要小得多,而裂缝渗透率比基质渗透率要大得多,因此在实际中,通常情况下无量纲参数 $\omega < 0.1$、无量纲参数 $\lambda < 0.001$。

根据无量纲参数 ω 和 λ 以及方程中已定义的无量纲变量式(8.1)至式(8.4),双孔隙油藏中径向流动的两个控制方程为:

$$\frac{1}{R_{\mathrm{D}}} \frac{\mathrm{d}}{\mathrm{d}R_{\mathrm{D}}} \left(R_{\mathrm{D}} \frac{\mathrm{d}p_{\mathrm{Df}}}{\mathrm{d}R_{\mathrm{D}}} \right) = \omega \frac{\mathrm{d}p_{\mathrm{Df}}}{\mathrm{d}t_{\mathrm{D}}} + (1 - \omega) \frac{\mathrm{d}p_{\mathrm{Dm}}}{\mathrm{d}t_{\mathrm{D}}} \tag{8.20}$$

$$(1 - \omega) \frac{\mathrm{d}p_{\mathrm{Dm}}}{\mathrm{d}t_{\mathrm{D}}} = \lambda (p_{\mathrm{Df}} - p_{\mathrm{Dm}}) \tag{8.21}$$

如果油藏本身是一个"单孔"储层,那么无量纲储集率 ω 等于 1,式(8.20)和式(8.21)可简化为到标准的压力扩散方程式(6.8)。这种情况往往存在于一些基质孔隙度很低和基质渗透率很低的裂缝性油藏中,基质岩块的影响可以忽略不计。

在双孔隙模型的一般形式下,流体不会从一个基质岩块渗流到另一个基质岩块中,而只有裂缝才能提供宏观的、油藏规模的渗透性。因此,在井筒处测量的压力代表了离井筒最近的裂缝中的压力。井筒的压降由式(8.22)得出:

$$\Delta p_{\mathrm{Dw}}(t_{\mathrm{D}}) \equiv p_{\mathrm{Df}}(R_{\mathrm{D}} = 1, t_{\mathrm{D}}) \tag{8.22}$$

在一个更普遍的天然裂缝油藏模型中,流体可以从一个基质岩块流向另一个基质岩块,称为"双渗模型"。这种模型有时被水文学家使用,但在石油工程中并不常用。

8.3 双重孔隙多孔介质中的线源解

沃伦(Warren)和鲁特(Root)(1963)利用拉普拉斯变换方法求解了无限大双孔储层中井以恒定流量 Q 生产的问题。他们发现,如果无量纲时间满足以下条件:

$$t_{\mathrm{D}} > 100\omega \tag{8.23}$$

无量纲时间 t_{D} 涵盖了石油工程师所研究的时间范围,油井的无量纲压降则变为:

$$\Delta p_{\mathrm{Dw}} = \frac{1}{2} \left\{ \ln t_{\mathrm{D}} + 0.8091 + \mathrm{Ei}\left[\frac{-\lambda t_{\mathrm{D}}}{\omega(1 - \omega)}\right] - \mathrm{Ei}\left(\frac{-\lambda t_{\mathrm{D}}}{1 - \omega}\right) \right\} \tag{8.24}$$

一般来说,分析压降在不同时间制度下的特征才是有指导意义的。当 $t_{\mathrm{D}} > 100\omega$ 时,即在油井投产初期,油井的无量纲压降不是非常大,式(8.24)中 Ei 函数中的变量仍然足够小,可以使用式(2.32)表示,也就是说,如果 $x < 0.01$。

$$-\mathrm{Ei}(-x) \approx -0.5772 - \ln x \tag{8.25}$$

将式(8.25)代入式(8.24)中得:

$$\Delta p_{\mathrm{Dw}} = \frac{1}{2} \left[\ln t_{\mathrm{D}} + 0.8091 + \ln \frac{\lambda t_{\mathrm{D}}}{\omega(1 - \omega)} - \ln \frac{\lambda t_{\mathrm{D}}}{1 - \omega} \right]$$

$$= \frac{1}{2}\left(\ln t_D + 0.8091 + \ln\frac{\lambda t_D}{1-\omega} - \ln\omega - \ln\frac{\lambda t_D}{1-\omega}\right)$$

$$= \frac{1}{2}\left(\ln\frac{t_D}{\omega} + 0.8091\right) \tag{8.26}$$

如果将式(8.8)、式(8.9)和式(8.18)转换成无量纲形式,则有:

$$\frac{2\pi K_f H \Delta p_w}{\mu Q} = \frac{1}{2}\left\{\ln\frac{K_f t}{[(\phi c)_f + (\phi c)_m]\mu R_w^2} + 0.8091\right\}$$

$$\Delta p_w = \frac{\mu Q}{4\pi K_f H}\left[\ln\frac{K_f t}{(\phi\mu c)_f R_w^2} + 0.8091\right] \tag{8.27}$$

式(8.27)计算的压降正是仅由裂缝(即没有基质岩块)组成的单一孔隙系统中可能发生的压降。需要注意的是,在油井投产的早期,压降在半对数曲线图上是一条直线。

以上现象的物理解释如下:早期流体仅从裂缝流入井筒中,由于基质的渗透率相对较低,流体还没有足够的时间流出基质岩块。因此,在这种情况下,基质的存储性是无关的。

现在我们来分析"非常大"时间的情况(但仍然假设是一个无边界的储层)。从表2.1中可知,当x较大时,$Ei(-x)\to 0$。因此,在这种情况下,式(8.24)中的与Ei有关的两项就可消掉了,压降可表示为:

$$\Delta p_{Dw} = \frac{1}{2}(\ln t_D + 0.8091) \tag{8.28}$$

其无量纲表达形式是:

$$\Delta p_w = \frac{\mu Q}{4\pi K_f H}\left\{\ln\left(\frac{K_f t}{[(\phi c)_f + (\phi c)_m]\mu R_w^2}\right) + 0.8091\right\} \tag{8.29}$$

式(8.29)所求的压降针对的是单孔隙度油藏,储层的渗透性主要由裂缝系统决定,而储层的储集性是由裂缝和基质共同控制。

以上现象的物理解释(本质上)如下:在油井生产很长的时间后,基质岩块有足够的时间使其压力与裂缝中的压力"平衡"。因此,储层在很大程度上表现为均一的单孔隙储层。储层的储集性由裂缝储集性和基质储集性组成,而储层的宏观的渗透率始终表示的是裂缝系统的渗透率,因为我们假设基体岩块之间不是相互连通的。

无论是由式(8.27)给出的井投产初期的压降,还是由式(8.29)式给出的生产后期的压降,在半对数曲线图上均呈现出直线关系,并且两条直线斜率完全相同。

$$\frac{d\Delta p_w}{d\ln t} = \frac{\mu Q}{4\pi K_f H} \tag{8.30}$$

这两条直线的垂直偏移量,用$\delta\Delta p_{Dw}$表示,可以通过比较式(8.26)和式(8.28)得到:

$$\delta\Delta p_{Dw} = -\frac{1}{2}\ln\omega = \frac{1}{2}\ln(1/\omega) \tag{8.31}$$

垂直偏移量用无量纲形式表示为：

$$\delta p_w = \frac{\mu Q}{4\pi K_f H} \ln(1/\omega) \tag{8.32}$$

图 8.1 为无限大边界双孔隙储层中的井筒压降曲线的示意图，该图修改自格林加顿（Gringarten,1984）。从图 8.1 中可以看出，在两个半对数直线之间存在一个过渡状态，其中压力下降非常缓慢。这种状态主要是受流体开始从基质岩块流入裂缝的影响。在这一过程中，流体从基质岩块向裂缝流动的数量与流体从裂缝向井筒中流动的数量几乎相等，因此井筒压力（几乎）保持恒定。

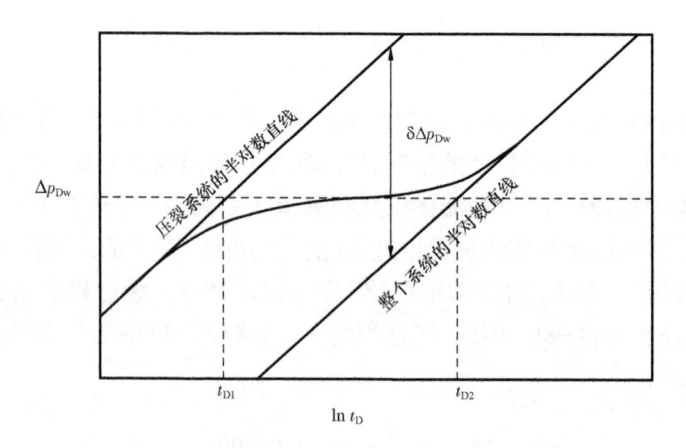

图 8.1　无限大边界、双孔隙储层中的井筒压降

布尔代（Bourdet）和格林加顿（Gringarten）（1980）指出，如果在两条半对数直线之间的中点处，通过压降曲线绘制一条水平线，则该水平线与第一条半对数直线相交的时间为：

$$t_{D1} = \frac{\omega}{\gamma \lambda} \tag{8.33}$$

式中，$\gamma = 1.781$，ω 和 λ 是由式(8.18)和式(8.19)定义的两个双重孔隙参数。水平线与后期的第二条半对数直线交点的无量纲时间 t_{D2} 表示为：

$$t_{D2} = \frac{1}{\gamma \lambda} \tag{8.34}$$

式(8.33)和式(8.34)表明，两条渐近半对数直线的水平偏移等于 $\ln(1/\omega)$。这两个公式为计算储容比的值提供了一种简单的方法，可以通过试井解释来计算储容比 ω 和透射率 λ 的值。

在无量纲形式中，截距时间是：

$$t_1 = \frac{(\phi \mu c)_f}{\alpha \gamma K_m} \tag{8.35}$$

$$t_2 = \frac{\mu[(\phi c)_f + (\phi c)_m]}{\alpha \gamma K_m} \tag{8.36}$$

第一个截距时间 t_1 本质上是指从井筒附近的基质块中流出的流体体积与从裂缝中流出的流体体积达到相同数量级所需的时间。第二个截距时间 t_2 是对离油井最近的基质岩块中的压力与周围裂缝中的压力达到平衡所需时间的度量。

本 章 问 题

问题8.1 先不参考沃伦(Warren)和鲁特(Root)的论文,在图8.1中分别描述并绘制以下两种情况下压降曲线的变化方式:(1)存储率 ω 增加(或减少)10倍;(2)传导率 λ 增加(或减少)10倍。

问题8.2 通过分析式(8.24),并利用式(2.22)或表2.1,推导出必须经过的无量纲时间的表达式,以便使近似值[式(8.28)]精确到1%左右。推导结果必须应用参数 λ 来表示。

第9章 气体在多孔介质中的流动

前面的章节中已推导和分析的大多数公式只适用于油藏流体为液体的情形,在这种情况下,流体可压缩性和黏度可以假定为常数,且与压力无关。但是对于气藏而言,以上参数与压力无关的假设并不十分准确。而当将这些参数与压力的关系考虑到压力扩散方程中,表达式将变成非线性关系。在本章中,将阐述如何将气体流动的非线性扩散式方程(近似地)线性化,该方法中是用一个称为拟压力的新变量来表示它。

在前面的几章节中提出的另一个重要的假设是达西定律的有效性,达西定律表明流量与压力梯度呈线性正比。然而,达西定律在流速较高时变得不准确,流速与压力梯度之间的线性关系会发生偏离,呈非线性,可用福希海默(Forchheimer)非线性式来描述。尽管这种偏离达西定律的现象在液体和气体中都存在,但由于气体黏度较低,所以气藏中的气体流速通常较高,因此气藏中的气体流动更有可能表现出非达西状态。

当压力足够低时,相对于与平均孔径成反比的特征压力,气体流动也会偏离达西定律。在这种情况下,由于气体分子沿着孔隙壁的滑移,得到的"有效气体渗透率"与储层真实渗透率是不同的,这就是所谓的克林肯伯格效应。因此,在实验室使用低压气体开展岩心的渗透率测量研究时,必须考虑该效应的影响,当然在研究超低渗透地层(如页岩)中的气体流动(在任何压力下)时也必须考虑。

9.1 多孔介质中气体流动的扩散方程

研究气体流动与液体流动的主要区别在于,气体流动的控制偏微分方程将不可避免地变成非线性的。而液体的可压缩性可以假定为常数,并且相对较小。从1.6节中给出的定量分析可得出,气体的可压缩性随压力变化很大,这就是造成非线性的主要原因。此外,气体黏度通常也随压力变化。结果是气体流动的控制方程通常不能很好地像液体一样用常系数线性扩散方程近似。

$$-\frac{\mathrm{d}(\rho q R)}{\mathrm{d}R} = R\frac{\mathrm{d}(\rho\phi)}{\mathrm{d}t} \tag{9.1}$$

为了推导气体流动的控制微分方程,先回到1.7节给出的分析,并且需要注意的是,式(1.42)中压缩系数的大小没有做出任何假设,因此可以基于式(1.42)展开气体流动的规律分析。

首先利用式(1.12)给出的达西定律的微分形式,得到公式左边的流量项 q,可表示为:

$$q = -\frac{K}{\mu}\frac{\mathrm{d}p}{\mathrm{d}R} \tag{9.2}$$

在这种情况下,式(9.1)可变化为如下形式:

$$\frac{1}{R}\frac{\mathrm{d}}{\mathrm{d}R}\left(\frac{\rho K}{\mu}R\frac{\mathrm{d}p}{\mathrm{d}R}\right) = \frac{\mathrm{d}(\rho\phi)}{\mathrm{d}t} \tag{9.3}$$

根据1.6节中的推导,将式(9.3)的右边用压力来表示不需要对压缩系数项的大小做任何假设。因此,可以将式(1.26)代入式(9.3)中,得到:

$$\frac{1}{R}\frac{\mathrm{d}}{\mathrm{d}R}\left(\frac{\rho K}{\mu}R\frac{\mathrm{d}p}{\mathrm{d}R}\right) = \rho\phi(c_\mathrm{f} + c_\phi)\frac{\mathrm{d}p}{\mathrm{d}t} \tag{9.4}$$

因为不包含孔隙流体压缩性小的假设,所以式(9.4)是完全通用的。而且公式中还考虑了密度、渗透率和黏度随压力变化的情况。因此,除了作为数值解的基础外,由于该公式考虑因素太全面,实用性不大。然而,在很多实际应用的情况中,它可以被线性化或者"近似"线性化,然后就可以使用前面章节中给出的解析方法来求解。

9.2 理想气体、储层性质不变

气体流动的非线性扩散方程可以有效地进行线性化处理的条件是,假定气体服从理想气体状态:

$$p = \rho RT \tag{9.5}$$

式中,R是气体常数,T是热力学温度。根据式(9.5),如果密度采用压力的形式来表示,那么式(9.4)变换成如下形式:

$$\frac{1}{R}\frac{\mathrm{d}}{\mathrm{d}R}\left(\frac{Kp}{\mu RT}R\frac{\mathrm{d}p}{\mathrm{d}R}\right) = \frac{\phi(c_\mathrm{f} + c_\phi)}{RT}p\frac{\mathrm{d}p}{\mathrm{d}t} \tag{9.6}$$

通过做出以下假设,可以基于式(9.6)推导出最简单的气体流动模型:
(1)气藏温度保持恒定。
(2)气体黏度与压力无关。对于理想气体,由于黏度仅由温度决定,这个假设是严格正确的。基于该假设,可将黏度μ从式(9.6)等号左端的导数中提出来。
(3)气体的压缩性远大于储层的压缩性,这是气藏中常见的情况。实际上,理想气体的压缩率可以为用$1/p$来表示,即:

$$c_\mathrm{f} = \frac{1}{\rho}\left(\frac{\mathrm{d}\rho}{\mathrm{d}p}\right)_T = \frac{RT}{p}\frac{\mathrm{d}}{\mathrm{d}p}\left(\frac{p}{RT}\right)_T = \frac{RT}{p}\frac{1}{RT} = \frac{1}{p} \tag{9.7}$$

由于储层压力通常小于10000psi,气体压缩率至少为$10^{-4}\mathrm{psi}^{-1}$,另外储层的压缩率通常大约为$10^{-5}\mathrm{psi}^{-1}$(Matthews和Russell,1967;Zimmerman,1991)。因此,相对于流体压缩率c_f可基本上忽略掉孔隙压缩率c_ϕ。

(4)假设储层渗透率与孔隙压力无关。该假设对于很多油藏来说是合理的,但对于裂缝性油藏或者致密气藏该假设并不符合实际情况。基于此假设,可以把渗透率K从式(9.6)等号左端的导数中提出来。

基于以上4个假设条件,式(9.6)可以变换成如下形式:

$$\frac{1}{R}\frac{d}{dR}\left(Rp\frac{dp}{dR}\right) = \frac{\phi\mu}{kp}p\frac{dp}{dt} \tag{9.8}$$

由于存在如下关系：

$$p\frac{dp}{dt} = \frac{1}{2}\frac{d(p^2)}{dt}, p\frac{dp}{dR} = \frac{1}{2}\frac{d(p^2)}{dR} \tag{9.9}$$

可将式(9.8)变换成：

$$\frac{1}{R}\frac{d}{dR}\left[R\frac{d(p^2)}{dR}\right] = \frac{\phi\mu}{kp}\frac{d(p^2)}{dt} \tag{9.10}$$

除了下面两点以外，式(9.10)是径向坐标中的标准的压力扩散方程：
(1)因变量是 p^2 而不是 p；
(2)压缩系数 $c_t \approx c_f = 1/p$，随着压力变化而变化。

由于压缩系数随着压力变化而变化，式(9.10)仍然是非线性的，并且与液体流动的扩散式不完全相同。然而，可以通过测试期间的储层初始压力 p_i 或平均井筒压力计算等号右侧分母中的压力 p 项，从而可将式(9.10)线性化。

如下所示：

$$p_m = \frac{p_i + p_w(\text{测试结束})}{2} \tag{9.11}$$

如果采用以上处理方法，那么式(9.10)就变换成了线性扩散方程，因变量是 p^2 而不是 p。

9.3 真实气体、储层性质变化

理想气体定律仅适用于气体在压力降低的条件下，且对单原子或双原子分子气体应用理想气体定律通常比应用于气态碳氢化合物等大分子更加准确。所以对于经常处于相对高压状态下的气藏来说，用"真实气体"状态式来代替理想气体定律方程[式(9.5)]是更加准确的。

$$p = \rho z RT$$

或者

$$\rho = \frac{p}{zRT} \tag{9.12}$$

式中，z 是（无量纲）天然气偏差系数。使用这个状态方程时，式(9.12)可变换成以下形式：

$$\frac{1}{R}\frac{d}{dR}\left(R\frac{K}{\mu zRT}p\frac{dp}{dR}\right) = \phi\frac{d}{dt}\left(\frac{p}{zRT}\right) \tag{9.13}$$

在等温条件下，式(9.13)可变换成以下形式：

$$\frac{1}{R}\frac{d}{dR}\left(R\frac{K}{\mu z}p\frac{dp}{dR}\right) = \phi\frac{d}{dt}\left(\frac{p}{z}\right) \tag{9.14}$$

式(9.14)是高度非线性的，但是可以通过定义一个新的变量"真实气体拟压力"来"部分线性化"它,如下所述,见基耶里奇(Chierici)编著的《油藏工程原理》第七章中内容。

$$m(p) = 2\int_0^p \frac{K(p)p}{\mu(p)z(p)}\mathrm{d}p \qquad (9.15)$$

真实气体拟压力 $m(p)$ 仅仅是一个对于理想气体 p^2 参数的推广。注意到这一点后,如果假设渗透率和黏度都与压力无关,并且对于理想气体来说 $z=1$,那么:

$$m(p) \to \frac{2K}{\mu}\int_0^p p\mathrm{d}p = \frac{K}{\mu}p^2 \qquad (9.16)$$

因此,对于应力不敏感储层中的理想气体,除了一个乘积常数外,拟压力 $m(p)$ 等于 p^2。反观真实气体情况,对式(9.15)关于 p 求导来得到:

$$\frac{\mathrm{d}m(p)}{\mathrm{d}p} = \frac{2K(p)p}{\mu(p)z(p)} \qquad (9.17)$$

式(9.17)表明:

$$\frac{\mathrm{d}m}{\mathrm{d}R} = \frac{\mathrm{d}m}{\mathrm{d}p}\frac{\mathrm{d}p}{\mathrm{d}R} = \frac{2K(p)p}{\mu(p)z(p)}\frac{\mathrm{d}p}{\mathrm{d}R} \qquad (9.18)$$

将式(9.18)代入式(9.14)等号左端得到:

$$\frac{1}{2R}\frac{\mathrm{d}}{\mathrm{d}R}\left(R\frac{\mathrm{d}m}{\mathrm{d}R}\right) = \phi\frac{\mathrm{d}}{\mathrm{d}t}\left(\frac{p}{z}\right) \qquad (9.19)$$

式(9.19)等号左端大体上是扩散方程的标准形式,等号右端 $p/z = \rho RT$,所以在等温条件下可以得到:

$$\frac{\mathrm{d}}{\mathrm{d}t}\left(\frac{p}{z}\right) = \frac{\mathrm{d}(\rho RT)}{\mathrm{d}t} = RT\frac{\mathrm{d}\rho}{\mathrm{d}t} = RT\frac{\mathrm{d}\rho}{\mathrm{d}p}\frac{\mathrm{d}p}{\mathrm{d}t} \qquad (9.20)$$

但是从压缩性的定义来看:

$$c_g = \frac{1}{\rho}\left(\frac{\mathrm{d}\rho}{\mathrm{d}p}\right)_T$$

所以

$$\left(\frac{\mathrm{d}\rho}{\mathrm{d}p}\right)_T = \rho c_g \qquad (9.21)$$

式(9.20)可以变成以下形式:

$$\frac{\mathrm{d}}{\mathrm{d}t}\left(\frac{p}{z}\right) = RT\rho(p)c_g(p)\frac{\mathrm{d}p}{\mathrm{d}t} \qquad (9.22)$$

另外从式(9.12)可知 $\rho = p/zRT$,然后将式(9.22)改写成以下形式:

$$\frac{\mathrm{d}}{\mathrm{d}t}\left(\frac{p}{z}\right) = \frac{c_g(p)p}{z(p)}\frac{\mathrm{d}p}{\mathrm{d}t} \qquad (9.23)$$

将式(9.23)和式(9.19)联立可以得到：

$$\frac{1}{2R}\frac{\mathrm{d}}{\mathrm{d}R}\left(R\frac{\mathrm{d}m}{\mathrm{d}R}\right) = \frac{\phi c_g(p)p}{z(p)}\frac{\mathrm{d}p}{\mathrm{d}t} \quad (9.24)$$

但是通过与式(9.18)类比，可以得到：

$$\frac{\mathrm{d}m}{\mathrm{d}t} = \frac{2K(p)p}{\mu(p)z(p)}\frac{\mathrm{d}p}{\mathrm{d}t} \quad (9.25)$$

所以

$$\frac{\mathrm{d}p}{\mathrm{d}t} = \frac{\mu(p)z(p)}{2K(p)p}\frac{\mathrm{d}m}{\mathrm{d}t} \quad (9.26)$$

联立式(9.26)和式(9.24)可得到：

$$\frac{1}{R}\frac{\mathrm{d}}{\mathrm{d}R}\left(R\frac{\mathrm{d}m}{\mathrm{d}R}\right) = \frac{\phi\mu(p)c_g(p)}{K(p)}\frac{\mathrm{d}m}{\mathrm{d}t} \quad (9.27)$$

式(9.27)为径向坐标下右侧的扩散系数项与压力有关的标准扩散方程。

做一个近似处理，作为将气体流动表达式线性化的最后一步，即右边的扩散系数项可以用一些具有代表性的常数值来代替，例如在试井过程中遇到的平均井筒压力的值，即：

$$\frac{1}{R}\frac{\mathrm{d}}{\mathrm{d}R}\left(R\frac{\mathrm{d}m}{\mathrm{d}R}\right) = \frac{\phi\mu(p_\mathrm{m})c_g(p_\mathrm{m})}{K(p_\mathrm{m})}\frac{\mathrm{d}m}{\mathrm{d}t} \quad (9.28)$$

这里的 p_m 由式(9.11)来定义。

式(9.28)是实际气体向井底的流动的(近似)控制方程。如果右侧压力依赖项是在 p_m 时计算的，那么可以使用所有为液体流动准备的标准解来求解，只要用 m 而不是 p 来作为因变量。

p 和 m 之间的变换是通过对式(9.15)中给出的积分求值得到的。如果储层是应力敏感型，需要知道 $K(p)$ 来进行 p 和 m 的变换。但通常，并没有这个信息数据。如果忽略了渗透率的压力依赖性，那么 p 和 m 之间的关系就会变成以下的形式：

$$m(p) = 2K\int_0^p \frac{p}{\mu(p)z(p)}\mathrm{d}p \quad (9.29)$$

由于 $z(p)$ 和 $\mu(p)$ 可以通过在实验室对储层气体样品进行分析来测出，所以积分可以优先被计算出来。结果通常是 p 和 m 的表格关系，用来将测量到的压力转换成与式(9.28)的解一起使用的 m 的值。

9.4 非达西流动效应

以往的分析都是基于达西定律，即流速和压力梯度成正比。达西定律是一种只适用于雷诺数(Re)大致小于1的低流速流体的经验性定律。雷诺数是一个惯性力相对于黏性力相对强势的无量纲数。利用雷诺数的定义，这个条件可以写成

$$Re = \frac{\rho v d}{\mu} < 1 \tag{9.30}$$

式中 ρ——流体的密度；

μ——黏度；

d——平均孔径；

v——平均（微观）速度。

能够用宏观上可测量的量来描述这个准则是很有用的。如果使用任何渗透率和孔径之间常见的相关关系式，比如科泽尼—卡尔曼方程式（Kozeny-Carman）：

$$K = \frac{\phi d^2}{96} \approx \frac{\phi d^2}{100} \tag{9.31}$$

可以将孔径表示为：

$$d = 10\sqrt{K/\phi} \tag{9.32}$$

因此，达西定律有效的准则可以写成：

$$v < \frac{\mu \sqrt{\phi}}{10\rho \sqrt{K}} \tag{9.33}$$

接下来，我们注意到宏观流量 q 必须等于宏观流速 v 乘以孔隙度，所以：

$$v = \frac{q}{\phi} \tag{9.34}$$

因此，达西定律的有效准则[式(9.33)]可以写成以下形式：

$$q < \frac{\mu \phi^{3/2}}{10\rho \sqrt{K}} \tag{9.35}$$

流入井的总流量与以下式子给出的流量有关：

$$Q = qA = 2\pi R H q \tag{9.36}$$

因此准则式（9.35）可以写成：

$$Q < \frac{2\pi R H \mu \phi^{3/2}}{10\rho \sqrt{K}} \approx \frac{R H \mu \phi^{3/2}}{\rho \sqrt{K}} \tag{9.37}$$

式（9.37）仅用我们常用的储层参数即可计算出。

当 R 很小时，即在井筒附近，准则式（9.37）将变得更加严格。因为当恒定的体积流量通过一个更小面积的平面时，速度必然会随之增加。因此，达西定律在井筒附近相较储层更远的地方不能适用的可能性更大。

如果在式（9.37）中使用"常规"的储层参数值，会发现在井筒附近，气体流动通常会违反这一准则,而液体流动则不会,除非流体是通过断裂处而不是孔隙流动。如果流动是通过断裂处发生的,那么实际可供流动的面积更小,那么流体的流速则会更大。在这种情况下,流体更有可能是"非达西"的状态。

如果违反准则式(9.37),那么必须用一个非线性定律来代替达西定律,比如福希海默公式(Forchheime):

$$\frac{dp}{dR} = \frac{\mu q}{K} + \beta \rho q^2 \qquad (9.38)$$

由于惯性效应,式(9.38)的 $\beta \rho q^2$ 代表附加的压力梯度,并且 β 是福希海默(Forchheimer)系数。请注意当书写式(9.38)时,假设了如果流体流向井底,那么 q 是正的。由于 ρq^2 与单位体积流体的动能有关,并且在较高流速下,动能是不可忽略的[回顾式(1.2)],福奇海默方程可以被直观地证明。

式(9.38)意味着,对于给定的流速,压力下降的值会大于达西定律预测的值。因此,非达西效应会产生一个"额外的"压力下降值。同时,因为"非达西"压力下降的值大于给定流速的达西压力下降值,那么,如果非达西效应是必要的,给定压降下的流速就会比达西定律预测的值要小。

对式(9.38)的量纲分析表明,β 因子具有 L^{-1} 的量纲。因为 K 有 L^{-1} 的量纲[回顾式(9.31)],大致情况是 $\beta = 1/\sqrt{K}$。如果这是正确的,那么式(9.38)中相对于线性项的非线性项的大小可表示为:

$$比率 = \frac{\beta \rho q^2}{\mu q/K} = \frac{\beta \rho q K}{\mu} \approx \frac{\rho q \sqrt{K}}{\mu} \qquad (9.39)$$

式(9.38)右边的项基本上是基于 $\sqrt{K}$ 的长度刻度的雷诺数。因此,如果雷诺数远小于1,在式(9.38)中的非线性项是可以忽略的,因此可以继续使用达西定律。

因为非达西定律流动被限制在井筒附近的区域,它在试井过程中的效应有点类似"表皮"效应。实际上,靠近井筒附近的非达西流动的结果是表皮系数被视表皮系数 S' 取代,如下式所示:

$$S' = S + DQ \qquad (9.40)$$

这里的 D 是"非达西表皮系数",这个系数与福希海默(Forchheimer)式中出现的 β 系数有关。在基耶里奇(Chierici)1994年编著的专著中可以找到更多细节。

9.5 克林肯伯格效应

液体以及处于足够大储层压力下的气体表现的像连续介质,在某种意义上,可以忽略单个分子的运动,而是以(非常)大量的分子的平均速度进行计算。这就引出了多孔介质流动的达西定律的连续介质理论,实际上它源于孔隙尺度下的流体流动的纳维-斯托克斯方程(Navier-Stokes)。

使用纳维-斯托克斯方程(Navier-Stokes)的一个基本原则是假设流体的速度在固体边界处为0,比如在孔隙壁处。速度的法向分量显然是绝对成立的,同时要求速度的切向分量也是成立的。这种"无滑移"的边界条件是纳维-斯托克斯方程(Navier-Stokes)求取平均值("高阶")得出达西定律的必要条件。

然而,对于密度非常低的气体,即气体处在非常低的压力下,这种微观边界条件并不适用。原因很复杂,但是它们可以归结于一个事实,为了使气体表现得像连续体,一个气体分子必须更加频繁地与其他气体分子发生碰撞,而不是与孔隙壁碰撞。然而,在低密度或低压时,每个气体分子将会更加频繁地与孔隙壁而不是其他气体分子去碰撞。

为了量化以上情况是否会发生,必须参考"平均自由行程"这个参数,平均自由行程本质上是两次碰撞一个分子平均所走的距离。根据气体动力学理论,平均自由程 λ 的计算可参考赫希菲尔德(Hirschfelder)等在1954年编著的《气体和液体的分子理论》一书。见式(9.41):

$$\lambda = \frac{1}{\sqrt{2}n\pi\sigma^2} = \frac{k_B T}{\sqrt{2}\pi\sigma^2 p} \tag{9.41}$$

式中　n——表示分子/体积的分子密度;
　　　k_B——玻尔兹曼常数(即每个分子的气体常数);
　　　t——热力学温度;
　　　σ——有效分子直径。

如果孔隙半径小于平均自由程,与孔壁的碰撞将会比与其他分子的碰撞更加频繁,本质上气体会以单个分子的形式流过孔隙,而不是以连续介质流动。这种类型的流动被称为"克努森流"或"滑移流"。

克林肯伯格(Klinkenberg,1941)假设气体流过多孔介质的流动可以被模拟为流过毛细管的克努森流,并且指出在气体流动过程中测得的"表观"渗透率将与"实际"绝对渗透率有关系,见下式:

$$K_{gas} = K\left(1 + \frac{8c\lambda}{d}\right) \tag{9.42}$$

式中　λ——平均自由程;
　　　d——孔径;
　　　c——一个无量纲系数 $c \approx 1$。

如果将式(9.41)与式(9.42)联立,得出:

$$K_{gas} = K\left(1 + \frac{8c}{\sqrt{2}\pi}\frac{K_B T}{d\sigma^2}\frac{1}{p}\right) \tag{9.43}$$

如果现在用式(9.32)将孔隙直径与渗透率联系起来,那么可以得出:

$$K_{gas} = K\left(1 + \frac{4c\sqrt{\phi}}{5\sqrt{2}\pi}\frac{K_B T}{\sqrt{K}\sigma^2 p}\right) \tag{9.44}$$

式(9.44)括号中的第二项是由于克林肯伯格效应(Klinkenberg)引起的相对差异。注意到温度,分子直径和$\sqrt{\phi}$项,并不会有太大变化,而且在实际应用中,控制克林肯伯格效应大小的主要因素是压力和渗透率。由式(9.44)可知,无论是孔隙压力变小,还是储层渗透率减小,克林肯伯格效应都会增强。

对于恒温条件下储层岩石中气体流动,可以计算括号内除了储层压力 p 项之外的其他所有项,并将它命名为 p^*。那么式(9.44)可以被写成:

$$K_{\text{gas}} = K\left(1 + \frac{p^*}{p}\right) \tag{9.45}$$

式中,p^* 通常被写成 b,它是具有以下意义的特征压力:如果(大致上)储层压力 $p < 10p^*$ 时,克林肯伯格效应对测得的渗透率有明显的影响。或者,如果储层压力 $p > 10p^*$,克林肯伯格效应是可以忽略不计的。

为了量化克林肯伯格效应的大小,假想一个的孔隙度为 0.10 的岩石,并且气体流过岩石时的温度为 300K。玻尔兹曼常数为 1.38×10^{-23} J/K,典型的分子直径大约为 4Å,因此根据式(9.44)可以得出:

当 $K = 10$ mD 时,$p^* \approx 15$ Kpa ≈ 2 psi;

当 $K = 1000$ mD 时,$p^* \approx 1.5$ Kpa ≈ 0.2 psi。

对于常规的油藏岩石,储层压力一般会远远大于 p^*,因此对于储层中的流动,克林肯伯格效应常常是可以忽略的,但页岩气藏中会出现例外的情况,由于储层渗透率 K 非常小,特征压力 p^* 会变大,所以在页岩气藏中,克林肯伯格效应可能会比较明显,不能被忽略。

而且对于那些非超低渗透的常规储层岩石,由于以下原因,也必须考虑克林肯伯格效应。在实验室中,岩石渗透率测量通常是在低压条件下使用气体进行的测试。由于这种测量方式比在储层压力下测试会更快、更安全并且更便宜,所以实验室测试得到的数据常常并不是在压力远远大于 p^* 情况下测得的。因此,在实验室中使用像氮气一样的气体所测得的岩石渗透率必须要通过消除克林肯伯格效应来实时校正,以得到岩石"真实"的渗透率。

通过校正处理后得到的渗透率才是岩石真实渗透率,而不仅仅是气体表观渗透率 K_{gas},一个实验测试值。

这种对实验室数据的"克林肯伯格校正"是通过在一定压力范围内测量气体的表观渗透率 K_{gas} 来实现的,然后把实验结果绘制成 $1/p$ 的函数曲线。根据式(9.45),数据点应呈一条斜率为正的直线关系。如果在 K 与 $1/p$ 之间建立一条直线,并将这条直线外推到 $1/p$ 等于 0 时,可以得到岩石的绝对渗透率 K,这一处理过程如图 9.1 所示,图片修改自切尔西(Chierici)在1994 年编著的专著。当 $1/p$ 等于 0 时,即储层压力 p 应非常大,在此压力下气体表现得就像是连续介质。

需要注意的是,压力特征参数 p^* 包含渗透率 K 作为其定义的一部分,在岩石渗透率测量之前并不知道其渗透率 K。但是,实验数据处理过程中的外推步骤并不需要知道渗透率 K。实验数据可以用任何单位的 $1/p$ 来绘制曲线,无量纲或有量纲都可以,通过外推到 $1/p$ 等于 0 进而得到岩石"真实"渗透率。

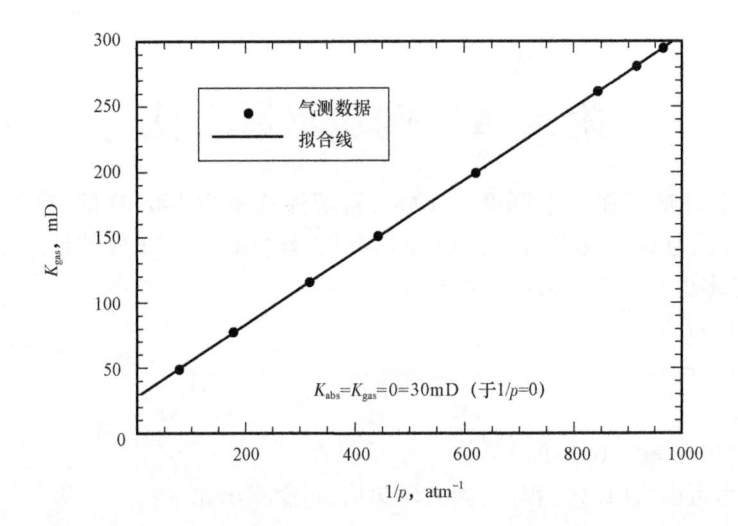

图 9.1　将低压的表观渗透率外推到 $1/p$ 等于 0 时校正得到岩石真实的渗透率

本 章 问 题

问题 9.1　关于页岩气藏中水力压裂产气的简化模型推导问题。

将式(8.2)和式(8.7)联立会导出如下控制裂缝性油藏基质岩块平均压力的常微分方程：

$$\frac{d\bar{p}_m}{dt} = \frac{-\alpha K_m}{\phi_m \mu c_m}(\bar{p}_m - p_f)$$

如 9.2 节中所述,在气藏中,流体压缩系数通常会远远大于地层的压缩系数,因此,气体充满基质岩块后的总压缩系数可以被近似为 $c_m = c_{gas}$。此外,如果将气体的行为近似认为是理想状态,那么,根据式(9.7),可以得到：$c_m = c_{gas} = 1/p_m$。

(1) 假设气藏中的基质岩块初始压力为 p_i,当井投产后,裂缝中的压力降低到一确定值 $p_m < p_i$,然后保持在该压力下,用地层压力的初始值 $1/p_i$ 来逼近可得到 $c_m = 1/p_m$,然后积分式(P.1)可得到基质岩块中的平均压力,可看出平均压力是时间的函数；然后使用式(8.2)来得到基质岩块产气速度随时间变化的表达式。

(2) 注意到当 x 大于 5 时,e^{-x} 将小于 0.01,可导出基质岩块产气率下降到其初始压力值的 1% 时的表达式。

(3) 当页岩气藏实施水力压裂后,水力裂缝、已存在的微裂缝和层理面之间的相互作用将会形成一个包围井眼的裂缝网络。这个裂缝网络将井眼周围的区域分解成可以近似大小为 L 的立方体块的集合。假设 $L = 1$m,$\phi_m = 0.1$,$\mu = 1 \times 10^{-5}$Pa·s,$K_m = 10^{-21}$m^2,和 $p_i = 20$MPa,求产气速度下降到初始压力值 1% 需要多长时间？

附录 A 例题求解方法

例题 1.1 井 A 部署在一个厚度为 100ft、岩石渗透率为 100mD 的储层中,油井产量为 100bbl/d,井筒直径为 10in,地层原油黏度为 0.4cP。距井筒 1000ft 处的地层压力为 3000psi,求井筒的压力是多少? 换算关系见附录 B。

1bbl = 0.1589m³
1P = 0.1N·s/m²
1ft = 0.3048m
1lbf/in² = 6895N/m² = 6895Pa

解:井筒压力可由式(1.16)得出,为方便起见,再次写出如下:

$$p_w = p_o + \frac{\mu Q}{2\pi K H}\ln\left(\frac{R_w}{R_o}\right) \tag{A.1}$$

首先,将所有已知数据转换为国际单位:

$$R_w = (5\text{in})\left(\frac{1\text{ft}}{12\text{in}}\right)\left(\frac{0.3048\text{m}}{1\text{ft}}\right) = 0.127\text{m}$$

$$R_o = (1000\text{ft})\left(\frac{0.3048\text{m}}{1\text{ft}}\right) = 0.127\text{m}$$

$$H = (100\text{ft})\left(\frac{0.3048\text{m}}{1\text{ft}}\right) = 30.48\text{m}$$

$$\mu = (0.4\text{cP})\left(\frac{1\text{P}}{100\text{cP}}\right)\left(\frac{0.1\text{Pa}\cdot\text{s}}{1\text{P}}\right) = 4\times 10^{-4}\text{Pa}\cdot\text{s}$$

$$K = (100\text{mD})\left(\frac{1\text{D}}{1000\text{mD}}\right)\left(\frac{0.987\times 10^{-24}\text{m}}{1\text{D}}\right) = 9.87\times 10^{-14}\text{m}^2$$

$$Q = \left(100\frac{\text{bbl}}{\text{d}}\right)\left(\frac{0.1589\text{m}^3}{\text{bbl}}\right)\left(\frac{1\text{d}}{24\text{h}}\right)\left(\frac{1\text{h}}{3600\text{s}}\right) = 1.84\times 10^{-4}\text{m}^3/\text{s}$$

将上述参数计算结果带入到(A.1)式中,可以得到井筒压力数据,然后将压力计算数据转换回 psi 单位制,可得出:

$$p_w - p_o = \frac{(4\times 10^{-4}\text{Pa}\cdot\text{s})(1.84\times 10^{-4}\text{m}^3/\text{s})\ln\left(\frac{0.127}{304.8}\right)}{2\pi(9.87\times 10^{-14}\text{m}^2)(30.48\text{m})} = -30310\text{Pa}\left(\frac{1\text{psi}}{6895\text{Pa}}\right) = -4.4\text{psi}$$

$$\Rightarrow p_w - p_o = p_o - 4.4\text{psi} = 3000 - 4.4\text{psi} = 2995.6\text{psi}$$

渗流力学　95

例题 1.2　推导球对称流扩散方程,类似于 1.7 节中给出的径向流推导过程。该方程适用于在油井井筒只有一小段部分射孔条件下建立数学模型,在此情况下,早期储层中的流场分布大致呈球形。公式推导结果应该是一个类似于式(1.45)的方程,但是在公式右边存在一个稍微不同的项。

解:方程的推导过程基本与圆柱坐标类似,唯一的区别是推导中使用的是半径为 r 且厚度为 Δr 的球体,而不是圆柱体。因此,垂直于流动方向的横截面积为 $4\pi R^2$ 而不是 $2\pi RH$,球体的体积为 $4\pi R^2 \Delta R$,而不是 $2\pi RH\Delta R$。为了阐述更为清楚,从式(1.20)开始逐步介绍推导过程,并且式(1.20)是通用的。

$$[A(x)\rho(x)q(x) - A(x)\rho(x+\Delta x)q(x+\Delta x)]\Delta t = m(t+\Delta t) - m(t) \quad (A.2)$$

用 R 替换 x,注意 $A(R) = 4\pi R^2$,有:

$$[4\pi R^2 \rho(R)q(R) - 4\pi(R+\Delta R)^2 \rho(R+\Delta R)q(R+\Delta R)]\Delta t = m(t+\Delta t) - m(t) \quad (A.3)$$

如前所述,除以 Δt,并且让 $\Delta t \to 0$,求出:

$$4\pi[R^2 \rho(R)q(R) - (R+\Delta R)^2 \rho(R+\Delta R)q(R+\Delta R)] = \frac{\mathrm{d}m}{\mathrm{d}t} \quad (A.4)$$

在公式右侧:

$$m = \rho\phi V = \rho\phi 4\pi R^2 \Delta R \quad (A.5)$$

$$\Rightarrow \frac{\mathrm{d}m}{\mathrm{d}t} = \frac{\mathrm{d}(\rho\phi 4\pi R^2 \Delta R)}{\mathrm{d}t} = 4\pi R^2 \frac{\mathrm{d}(\rho\phi)}{\mathrm{d}t} \Delta R \quad (A.6)$$

式(A.4)和式(A.5)都除以 ΔR,然后让 $\Delta R \to 0$,式中 4π 项消掉,剩下

$$-\frac{\mathrm{d}(\rho q R^2)}{\mathrm{d}R} = R^2 \frac{\mathrm{d}(\rho\phi)}{\mathrm{d}t} \quad (A.7)$$

方程(A.7)式是球形流的质量守恒方程。

现在采用(1.1.5)式中达西定律的形式来表示(A.7)式的左边的流量 q,右边采用(1.6.1)式,然后公式两边除以 K/μ,可得到:

$$\frac{\mathrm{d}}{\mathrm{d}R}\left(\rho R^2 \frac{\mathrm{d}p}{\mathrm{d}R}\right) = \frac{\rho\mu\phi(c_\mathrm{f}+c_\phi)R^2}{K}\frac{\mathrm{d}p}{\mathrm{d}t} \quad (A.8)$$

用求导的乘积法则把左边展开,将 ρ 和 $R^2(\mathrm{d}p/\mathrm{d}R)$ 作为两个参数

$$\frac{\mathrm{d}}{\mathrm{d}R}\left(\rho R^2 \frac{\mathrm{d}p}{\mathrm{d}R}\right) = \frac{\mathrm{d}\rho}{\mathrm{d}R}\left(R^2 \frac{\mathrm{d}p}{\mathrm{d}R}\right) + \rho\frac{\mathrm{d}}{\mathrm{d}R}\left(R^2 \frac{\mathrm{d}p}{\mathrm{d}R}\right) = \left(\frac{\mathrm{d}\rho}{\mathrm{d}p}\frac{\mathrm{d}p}{\mathrm{d}R}\right)\left(R^2 \frac{\mathrm{d}p}{\mathrm{d}R}\right) + \rho\frac{\mathrm{d}}{\mathrm{d}R}\left(R^2 \frac{\mathrm{d}p}{\mathrm{d}R}\right) =$$

$$\rho c_\mathrm{f} R^2 \left(\frac{\mathrm{d}p}{\mathrm{d}R}\right)^2 + \rho\frac{\mathrm{d}}{\mathrm{d}R}\left(R^2 \frac{\mathrm{d}p}{\mathrm{d}R}\right) \quad (A.9)$$

对于液体,式(A.9)右边的第一项通常与第二项相比可以忽略不计,因此式(A.8)可变为:

$$\rho \frac{\mathrm{d}}{\mathrm{d}R}\left(R^2 \frac{\mathrm{d}p}{\mathrm{d}R}\right) = \frac{\rho\mu\phi(c_f + c_\phi)R^2}{K} \frac{\mathrm{d}p}{\mathrm{d}t} \tag{A.10}$$

消去式(A.10)两边的密度 ρ,并引入 c_t 替换式中的 $(c_f + c_\phi)$,得到球对称流的扩散方程:

$$\frac{\mathrm{d}p}{\mathrm{d}t} = \frac{K}{\phi\mu c_t} \frac{1}{R^2} \frac{\mathrm{d}}{\mathrm{d}R}\left(R^2 \frac{\mathrm{d}p}{\mathrm{d}R}\right) \tag{A.11}$$

布里格姆(Brigham)等在1980年提出了无限大储层中"球面点源"的求解方法,包括井筒储存效应,约瑟夫(Joseph)和科德里茨(Koederitz)在1985年研究了井筒表皮的影响,斯坦尼斯拉夫(Stanislav)和卡比尔(Kabir)在1990年也详细讨论了球形流。

例题 2.1 一口井筒半径为3in的油井,部署在40ft厚的储层中,储层渗透率为30mD,储层孔隙度为0.20,原油和岩石系统的总压缩系数为 $3 \times 10^{-5}\mathrm{psi}^{-1}$,油藏初始压力为2800psi。该井每天生产448bbl原油,原油黏度为0.4cP。转换关系可参考问题1.1。

解:首先,将所有数据转换为国际单位:

$$R_w = (3\mathrm{in})\left(\frac{1\mathrm{ft}}{12\mathrm{in}}\right)\left(\frac{0.3048\mathrm{m}}{1\mathrm{ft}}\right) = 0.0762\mathrm{m}$$

$$H = (40\mathrm{ft})\left(\frac{0.3048\mathrm{m}}{1\mathrm{ft}}\right) = 12.19\mathrm{m}$$

$$\mu = (0.4\mathrm{cP})\left(\frac{1\mathrm{P}}{100\mathrm{cP}}\right)\left(\frac{0.1\mathrm{Pa}\cdot\mathrm{s}}{1\mathrm{P}}\right) = 4 \times 10^{-4}\mathrm{Pa}\cdot\mathrm{s}$$

$$K = (30\mathrm{mD})\left(\frac{0.987 \times 10^{-15}\mathrm{m}^2}{1\mathrm{mD}}\right) = 2.96 \times 10^{-14}\mathrm{m}^2$$

$$Q = 448\frac{\mathrm{bbl}}{\mathrm{d}}\left(\frac{1\mathrm{d}}{24\mathrm{h}}\right)\left(\frac{1\mathrm{h}}{3600\mathrm{s}}\right)\left(\frac{0.1589\mathrm{m}^3}{1\mathrm{bbl}}\right) = 8.24 \times 10^{-4}\frac{\mathrm{m}^3}{\mathrm{s}}$$

$$c = (3 \times 10^{-5}\mathrm{psi}^{-1})\left(\frac{1\mathrm{psi}}{6895\mathrm{pa}}\right) = 4.35 \times 10^{-9}\mathrm{Pa}^{-1}$$

$$p_i = (2800\mathrm{psi})\left(\frac{6895\mathrm{pa}}{1\mathrm{psi}}\right) = 19.31 \times 10^{-6}\mathrm{Pa}^{-1}$$

(1)如采用线源解方法求解压力,压力传播到井壁需要多长时间?

根据式(2.28),能够将线源解用于求解井底压力所要求的生产时间范围为:

$$t > \frac{0.25\phi\mu c R_w^2}{K}$$

$$= \frac{0.25 \times 0.2 \times (0.0004\mathrm{Pa}\cdot\mathrm{s})(4.35 \times 10^{-9}\mathrm{Pa}^{-1})(0.0762\mathrm{m})^2}{2.96 \times 10^{-14}\mathrm{m}^2} = 0.017\mathrm{s} \tag{A.12}$$

因此,在实际应用中,井眼半径无穷小的假设条件是不存在产生问题的。
(2)根据线源解,油井生产 6 天后井底压力是多少?
根据线源解式(2.21),有:

$$p_w(t) = p_i + \frac{\mu Q}{4\pi KH}\text{Ei}\left(-\frac{\phi\mu cR_w^2}{4Kt}\right) \quad \text{(A.13)}$$

首先,计算幂函数外的参数项 $\mu Q/(4\pi KH)$:

$$\frac{\mu Q}{4\pi KH} = \frac{(0.0004\text{Pa}\cdot\text{s})(8.24\times10^{-4}\text{m}^3/\text{s})}{4\pi(2.96\times10^{-14}\text{m}^2)(12.19\text{m})} = 7.27\times10^4\text{Pa} \quad \text{(A.14)}$$

然后,计算变量 $x = \phi\mu cRw^2/(4Kt)$,当 $t = 6\text{d} = 5.184\times10^5\text{s}$ 时,有:

$$x = \frac{(0.2)(0.0004\text{Pa}\cdot\text{s})(4.35\times10^{-9}\text{Pa}^{-1})(0.0762\text{m})^2}{4(2.96\times10^{-14}\text{m}^2)(5.184\times10^5\text{s})} = 3.29\times10^{-8} \quad \text{(A.15)}$$

从表 2.1 中可以查出:

$$-\text{Ei}(-x) = -\text{Ei}(-3.29\times10^{-8}) = 16.62 \quad \text{(A.16)}$$

联立式(A.13)、式(A.14)和式(A.16),得到:

$$p_w(6\text{d}) = 19.31\times10^6\text{Pa} - (7.27\times10^4\text{Pa})(16.62)$$

$$= (180\times10^6\text{Pa})(1\text{psi}/6895\text{Pa}) = 2625\text{psi}$$

(3)如果能够用雅各布对数近似方法进行求解,那么压力传播到井筒中需要多长时间?
根据式(2.35),所满足的生产时间范围为:

$$t > \frac{25\phi\mu cR_w^2}{K} \quad \text{(A.17)}$$

因此,在有限井径条件下,可以得出用雅各布对数近似求解方法比线源解所需的时间要长 100 倍。因此,对数近似求解在 1.7s 后求解井底压力是有效的。
(4)根据对数近似求解方法,生产 6 天后井底压力是多少?
根据式(2.36),有:

$$p_w(t) = p_i + \frac{\mu Q}{4\pi KH}\ln\left(\frac{\gamma\phi\mu cR_w^2}{4Kt}\right) = p_i + \frac{\mu Q}{4\pi KH}\ln(\gamma x) \quad \text{(A.18)}$$

但是从第(2)部分已知 $t = 6\text{d}, x = 3.29\times10^{-8}, \gamma = 1.781$,可得出:

$$p_w(t) = 19.31\times10^6\text{Pa} + (7.27\times10^4\text{Pa})\ln[1.781(3.29\times10^{-8})]$$

$$= 19.31\times10^6\text{Pa} - 1.21\times10^6\text{Pa}$$

$$= 180\times10^6\text{Pa} = 2625\text{psi}$$

正如所预期的,根据第(3)部分的结论,对数近似求解方法给出了井筒的正确井底压力。
(5)回答(2)(4)两个问题中水平方向上距离井筒 800ft 的压力问题。

使用与(1)、(4)问题中相同的计算公式,得出:

$$p(R = 800\text{ft}, t = 6\text{d}, 精确解) = 2791\text{psi}$$

$$p(R = 800\text{ft}, t = 6\text{d}, 对数近似) = 2795\text{psi}$$

用对数近似方法得出的压降为5psi,而实际压降是9psi。根据式(2.35),因此采用对数求解方法计算半径800ft处的地层压力是不准确的;只有当生产时间超过207天,该方法计算结果采与实际情况一致,因此才能采用该方法进行求解。

例题 2.2 一口井筒半径为0.3ft的油井,从储层厚度为20ft的油藏中每天产出200bbl原油,原油黏度为0.6cP,不同时刻的井筒压力如下:

t, min	0	5	10	20	60	120	480	1440	2880	5760
p_w, psi	4000	3943	3938	3933	3926	3921	3911	3904	3899	3894

使用2.6节中介绍的半对数法计算原油的渗透率和储集能力。

解:首先,绘制井压与对数时间的关系图,无需将数据转换为国际单位(图 A.1)。

接下来,在后期找到一条直线关系,求其斜率:

$$m = \left|\frac{\Delta p}{\Delta \ln t}\right| = \frac{4004 - 3890}{7(2.303)} = 7.07\text{psi} \times \left(\frac{6895\text{Pa}}{\text{psi}}\right) = 48758\text{Pa}$$

备注1:4004psi 是通过将直线外推回 $t = 0.001$min 得到的值。为了方便起见,使用此时间,以便 Δt 涵盖对数周期的整数;但此时间没有任何物理意义。

备注2:Δt 具有相同的数值,无论 t 使用哪个单位。在这种情况下,Δt = "7 个数量级",因此 $\Delta \ln t = 7(\ln 10) = 7 \times 2.303$。

现在,根据式(2.48)计算渗透率 K。为此,首先将数据转换为国际单位:

$$\mu = 0.6\text{cP} \times \left(\frac{0.001\text{Pa} \cdot \text{s}}{\text{cP}}\right) = 0.0006\text{Pa} \cdot \text{s}$$

$$Q = 200\frac{\text{bbl}}{\text{d}} \times \frac{0.1589\text{m}^3}{\text{bbl}} \times \frac{\text{d}}{24\text{h}} \times \frac{\text{h}}{3600\text{s}} = 3.68 \times 10^{-4}\frac{\text{m}^3}{\text{s}}$$

$$H = 20\text{ft} \times (0.3048\text{m/ft}) = 6.096\text{m}$$

$$K = \frac{\mu Q}{4\pi m H} = \frac{(0.0006\text{Pa} \cdot \text{s})(3.68 \times 10^{-4}\text{m}^3/\text{s})}{4\pi(48758\text{Pa})(6.096\text{m})}$$

$$= 5.91 \times 10^{-14}\text{m}^2\left(\frac{1\text{mD}}{0.987 \times 10^{-15}\text{m}^2}\right) = 59.9\text{mD}$$

请注意,"精确值"(即得到以上压力数据储层的实际值)为60mD。

为了计算储集系数 ϕ_c,将直线外推回初始压力4000psi(图 A.1)。外推至 $p_w = 4000$psi 延长线与水平对数时间轴的交点为:$t^* = 0.0016$min $= 0.096$s,然后使用式(2.49)计算 ϕ_c。

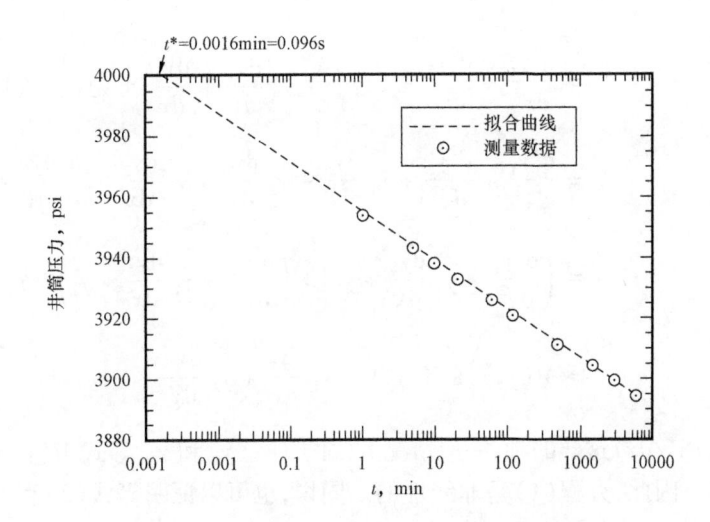

图 A.1　计算油藏性质的压力半对数图

首先,需要将井筒半径转换为国际单位:

$$R_w = (0.3\text{ft}) \times (0.3048\text{m/ft}) = 0.0914\text{m}$$

最后,利用式(2.49),得出:

$$\phi c = \frac{2.246 K t^*}{\mu R_w^2} = \frac{2.246(5.91 \times 10^{-14}\text{m}^2)(0.096\text{s})}{(0.0006\text{Pa}\cdot\text{s})(0.0914\text{m})^2}$$

$$= 2.54 \times 10^{-9}\text{Pa}^{-1}$$

例题 3.1　下列微分方程中,哪一个(如果有的话)是线性的,为什么(或为什么不是)?

(1) $\dfrac{d^2y}{dx^2} + y\dfrac{dy}{dx} + y = 0$;

(2) $\dfrac{d^2y}{dx^2} + x\dfrac{dy}{dx} + y = 0$;

(3) $\dfrac{d^2y}{dx^2} + x\dfrac{dy}{dx} + xy = 0$。

解:检验一个方程是否是线性的主要方法是:一个线性微分方程只能包含因变量(本题中是 y),或者它的导数的一次方。如果这个方程包含 y 或者它的任意阶导数的高次幂,或者相乘,那么它就是非线性的。像 $y(dy/dx)$ 这样的项会使方程变成非线性。

根据这条规则,等式(1)是非线性的,但等式(2)和式(3)是线性的。注意,用 y 乘以自变量 x 是可以的——这不会使方程成为非线性的。不过,为了确保这一点,还应该检查线性的基本定义。那么,让我们用"$M(y)$"来表示等式(1)中的"算子",然后把 $y = y_1 + y_2$ 的带入 $M(y)$,看看可以获得什么答案:

$$M(y_1 + y_2) = \frac{d^2(y_1 + y_2)}{dx^2} + (y_1 + y_2)\frac{d(y_1 + y_2)}{dx} + (y_1 + y_2)$$

$$= \frac{d^2 y_1}{dx^2} + \frac{d^2 y_2}{dx^2} + (y_1 + y_2)\left(\frac{dy_1}{dx} + \frac{dy_2}{dx}\right) + (y_1 + y_2)$$

$$= \frac{d^2 y_1}{dx^2} + \frac{d^2 y_2}{dx^2} + y_1\frac{dy_1}{dx} + y_2\frac{dy_1}{dx} + y_1\frac{dy_2}{dx} + y_2\frac{dy_2}{dx} + y_1 + y_2$$

$$= \left(\frac{d^2 y_1}{dx^2} + y_1\frac{dy_1}{dx} + y_1\right) + \left(\frac{d^2 y_2}{dx^2} + y_2\frac{dy_2}{dx} + y_2\right) + y_1\frac{dy_2}{dx} + y_2\frac{dy_1}{dx}$$

$$= M(y_1) + M(y_2) + y_1\frac{dy_2}{dx} + y_2\frac{dy_1}{dx}$$

由于存在 $y_1(dy_2/dx)$ 这样的项,一般情况下,对于任意 y_1 和 y_2,等式 $M(y_1 + y_2) = M(y_1) + M(y_2)$ 是不成立的;因此,方程(1)是非线性的。同样,也可以证明等式(2)和(3)是线性的。

此外,为了严格验证等式是线性的,还必须计算对于任意函数 y 和任意常数 c, $M(cy) = cM(y)$ 是否成立。能够很容易看出等式(1)也不满足该等式,而等式(2)和(3)是满足这个条件的。

对于微分方程来说,线性特性是十分重要,因为所有用于求解扩散方程的标准方法(如拉普拉斯变换、特征函数展开、格林函数等)仅适用于线性方程。

例题 3.2 一口直井 A 部署在无限大储层中,如果油井产量随时间呈线性增长,即符合: $Q_t = Q^* t/t^*$,其中 Q^* 和 t^* 是常数,推导井筒压力的表达式。利用卷积积分,参考式(3.26)或式(3.30)的形式,并根据式(3.19)中给出的无限大储层中单井压降 $\Delta p_Q(R,t)$ 的关系式。

解:根据式(3.30),通过计算下面的卷积积分,可以从定流量的解中得到任意流量 $Q(t)$ 引起的压降:

$$\Delta p(R,t) = \int_0^t Q(\tau) \frac{d\Delta p_Q(R, t-\tau)}{dt} d\tau \qquad (A.19)$$

根据式(3.3.6),式中的 $\Delta p_Q(R,t)$ 项给出的是恒定流量条件下单位流量的压降:

$$\Delta p_Q(R,t) = \frac{-\mu}{4\pi KH}\text{Ei}\left(\frac{-\phi\mu c R^2}{4Kt}\right) = \frac{\mu}{4\pi KH}\int_{\frac{\phi\mu c R^2}{4Kt}}^{\infty} \frac{e^{-u}}{u} du \qquad (A.20)$$

对式(A.20)右边的项使用链式法则,式(A.19)中出现的导数可变换为:

$$\frac{d\Delta p_Q(R,t)}{dt} = \frac{-\mu}{4\pi KH}\left\{\frac{[\exp(-\phi\mu cR^2/(4Kt))]}{\phi\mu cR^2/(4Kt)}\right\}\frac{d[\phi\mu cR^2/(4Kt)]}{dt} = \frac{\mu}{4\pi KHt}\exp^{-[\phi\mu cR^2/(4Kt)]}$$

$$(A.21)$$

利用 $Q_t = Q^* t/t^*$ 和式(A.19)中的式(A.21),得出:

$$\Delta p(R,t) = \int_0^\infty \frac{Q^* \tau \mu}{4\pi KH t^*} \frac{\exp^{-\{\phi\mu cR^2/[4K(t-\tau)]\}}}{t-\tau} d\tau \qquad (A.22)$$

现在我们对变量进行以下变换：

$$x = \frac{\phi\mu c R^2}{4K(t-\tau)} \to \tau = t - \frac{\phi\mu c R^2}{4Kx} \to \mathrm{d}\tau = \frac{\phi\mu c R^2}{4Kx^2}\mathrm{d}x \tag{A.23}$$

注意τ是式(A.22)中的积分变量，而时间t是只是一个参数，因此还需要改变积分的上下限：

当$\tau = 0$时

$$x = \frac{\phi\mu c R^2}{Kt} \tag{A.24}$$

当$\tau = t$时

$$x = \infty \tag{A.25}$$

把式(A.23)至式(A.25)带入式(A.22)中，得到：

$$\Delta p(R,t) = \frac{Q^*\mu}{4\pi KHt^*}\int_{\frac{\phi\mu cR^2}{4Kt}}^{\infty}\left(t - \frac{\phi\mu c R^2}{4Kx}\right)\frac{\mathrm{e}^{-x}}{x}\mathrm{d}x$$

$$= \frac{Q^*\mu}{4\pi KHt^*}\int_{\frac{\phi\mu cR^2}{4Kt}}^{\infty}\frac{\mathrm{e}^{-x}}{x}\mathrm{d}x - \frac{Q^*\mu}{4\pi KHt^*}\left(\frac{\phi\mu c R^2}{4Kt}\right)\int_{\frac{\phi\mu cR^2}{4Kt}}^{\infty}\frac{\mathrm{e}^{-x}}{x^2}\mathrm{d}x \tag{A.26}$$

除了符号以外，式(A.26)右边的第一个积分是幂积分Ei函数，注意到$Q_t = Q^*t/t^*$，经变换可得到：

$$\Delta p(R,t) = \frac{-\mu Q(t)}{4\pi KH}\mathrm{Ei}\left(-\frac{\phi\mu c R^2}{4Kt}\right) - \frac{\mu Q(t)}{4\pi KH}\left(\frac{\phi\mu c R^2}{4Kt}\right)\int_{\frac{\phi\mu cR^2}{4Kt}}^{\infty}\frac{\mathrm{e}^{-x}}{x^2}\mathrm{d}x \tag{A.27}$$

为了计算剩下的积分项，我们使用了分部积分法，"u"和"v"的分别表示以下各项：

$$u = \mathrm{e}^{-x}, \mathrm{d}v = \frac{-1}{x^2}\mathrm{d}x, \mathrm{d}u = -\mathrm{e}^{-x}\mathrm{d}x, v = \frac{1}{x} \tag{A.28}$$

因此，式(A.27)中的积分现在可以计算如下：

$$\int_w^{\infty}\frac{-\mathrm{e}^{-x}}{x^2}\mathrm{d}x = \left.\frac{\mathrm{e}^{-x}}{x}\right]_w^{\infty} + \int_w^{\infty}\frac{\mathrm{e}^{-x}}{x}\mathrm{d}x = -\frac{\mathrm{e}^{-w}}{w} - \mathrm{Ei}(-w) \tag{A.29}$$

利用式(A.27)中的结果式(A.29)，得出：

$$\Delta p(R,t) = \frac{-\mu Q(t)}{4\pi KH}\mathrm{Ei}\left(-\frac{\phi\mu c R^2}{4Kt}\right) - \frac{\mu Q(t)}{4\pi KH}\frac{\phi\mu c R^2}{4Kt}\left[\frac{\mathrm{e}^{\left(\frac{-\phi\mu c R^2}{4Kt}\right)}}{\frac{\phi\mu c R^2}{4Kt}} + \mathrm{Ei}\left(-\frac{\phi\mu c R^2}{4Kt}\right)\right] \tag{A.30}$$

上述结果可以用无量纲形式表示为：

$$\Delta p_\mathrm{D}(R,t) = -\frac{1}{2}\left[\left(1 + \frac{1}{4t_\mathrm{D}}\right)\mathrm{Ei}\left(-\frac{1}{4t_\mathrm{D}}\right) + \mathrm{e}^{-\frac{1}{4t_\mathrm{D}}}\right] \tag{A.31}$$

式中的无量纲时间通常定义为：

$$t_D = \frac{Kt}{\phi\mu c R^2} \quad (A.32)$$

无量纲压降定义为：

$$\Delta p_D(R,t) = \frac{2\pi KH\Delta p(t)}{\mu Q(t)} \quad (A.33)$$

当 $t_D > 50$ 时，指数逼近可用于 Ei 函数，参数项 $e^{-\frac{1}{4t_D}}$ 基本上等于1，并且参数 $\frac{1}{4t_D}$ 与1相比基本上可以忽略不计的，在这种情况下，式(A.31)简化为：

$$\Delta p_D(R,t) = -\frac{1}{2}\left(\ln\frac{1}{4t_D} + \ln\gamma + 1\right) = \frac{1}{2}[\ln(4t_D) - \ln\gamma - 1]$$
$$= \frac{1}{2}(\ln 4 + \ln t_D - \ln\gamma - 1) = \frac{1}{2}(\ln t_D - 0.191) \quad (A.34)$$

无量纲压降与无量纲时间关系如图 A.2 所示，实线表示精确解，虚线表示后期近似。$t_D = 50$ 处的虚线垂直线表示近似解精确到1%以内的时间。

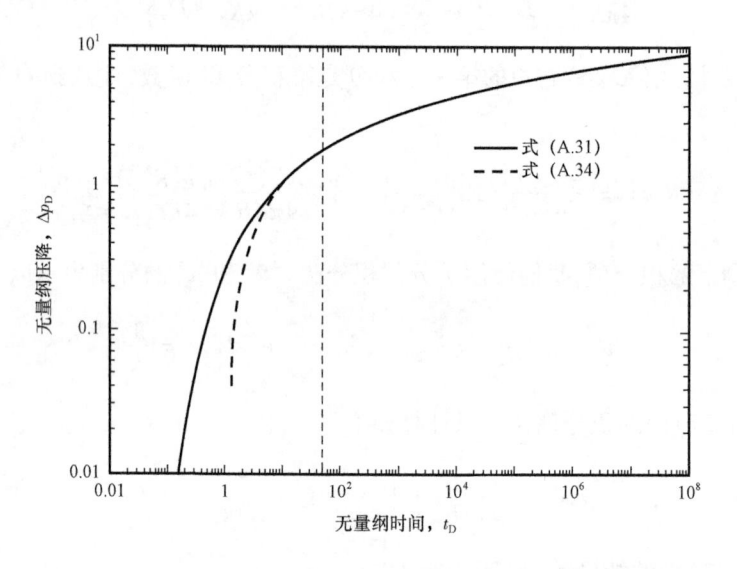

图 A.2 根据精确解表达式(A.31)和近似解表达式(A.34)得出的
无量纲压降与无量纲时间的关系

根据精确解表达式(A.31)和近似解表达式(A.34)，可以得出无量纲压降与无量纲时间的关系。

例题 4.1 如 4.2 节所阐述的，井筒压降与生产时间的半对数曲线的斜率增加一倍，表明储层中存在非渗透的线性断层，而且压降数据也可用于确定从井到断层的距离。如果绘制压力与时间的半对数曲线图，然后拟合早期和晚期数据的直线段，这两条线相交的时间称为

t'_{Dw},井离断层的距离可由下式计算:

$$d = (0.5615 t'D_w)^{1/2} R_w$$

解:根据 4.2 节,在如下时间范围内:

$$25 < t_{Dw} < 0.3 (d/R_w)^2 \tag{A.35}$$

从本质上讲,井筒压降应该就类似于无限大储层中一口井生产形成的压降,即式(4.9):

$$p_w(t) = p_i - \frac{\mu Q}{4\pi KH}\ln\left(\frac{2.246Kt}{\phi\mu c R_w^2}\right) \tag{A.36}$$

在如下的时间范围内:

$$t_{Dw} > 100 (d/R_w)^2 \tag{A.37}$$

生产井的压降由式(4.12)描述:

$$p_w(t) = p_i - \frac{\mu Q}{4\pi KH}\ln\left(\frac{2.246Kt}{\phi\mu c R_w^2}\right) - \frac{\mu Q}{4\pi KH}\ln\left[\frac{2.246Kt}{\phi\mu c (2d)^2}\right] \tag{A.38}$$

两个表达式(A.36)和式(A.38),式中的压降 p_w 与对数时间 $\ln t$ 的半对数曲线均符合直线关系(图 A.3)。基于式(A.36)和式(A.38),两条直线相交的时间可以通过假设上式中两个压降相等来确定。而且只有当式(A.38)的第三项为零时,它们才相等,即如果:

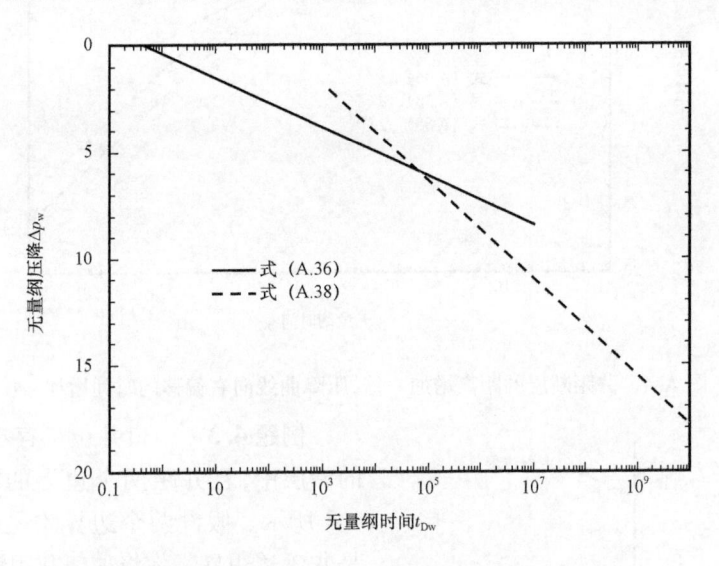

图 A.3　根据式(A.36)和式(A.38)画出的两条线的交点

$$\frac{\mu Q}{4\pi KH}\ln\left[\frac{2.246Kt}{\phi\mu c (2d)^2}\right] = 0 \tag{A.39}$$

但只有当 $x = 1$ 时,$\ln x$ 才会为零,即只有满足下式才能实现:

$$2.246Kt = \phi\mu c (2d)^2 \to d^2 = \frac{0.5615Kt}{\phi\mu c} \tag{A.40}$$

以无量纲形式,可以写成如下形式:

$$\frac{d^2}{R_w^2} = \frac{0.5615Kt'}{\phi\mu cR_w^2} = 0.5615Kt'_{Dw} \to d = 0.749 (t'_{Dw})^{1/2}R_w \tag{A.41}$$

例题 4.2 图 4.5 中的曲线是在井距 $d = 200R_w$ 条件下绘制的,如果在井距 $d = 400R_w$ 出现断层,曲线将如何变化?

解:基于例题 4.1 求解方法中给出的推导,我们可以看出,在生产初期,压降仍将由式(A.36)给出。如果在式(A.41)所确定的时间范围内,压力将沿另一条直线偏转,其斜率是原来直线的 2 倍。当所有其他因素相同时,第二条直线偏离初始直线的时间将根据 d^2 变化。

因此,如果断层距井的距离增加 2 倍,则第二条曲线偏离第一条曲线的时间将增加 4 倍。由于曲线图的时间轴是用对数时间绘制的,因此第二条曲线向右发生偏离的时间数值为 lg4,如图 A.4 所示。

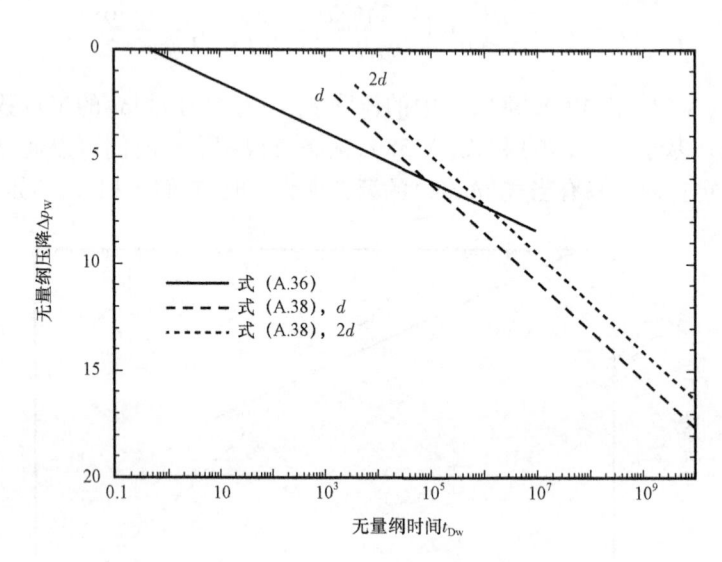

图 A.4 井距断层的距离增加一倍,压降曲线向右偏移的时间增加 lg4

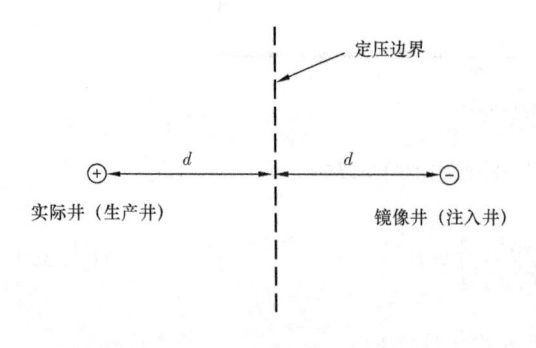

图 A.5 为了使垂直虚线成为恒压边界,需要设置的镜像井(注入井)

例题 4.3 一口井位于存在两个正交边界的储层中,且井距两个边界的距离相等,如图 4.3 所示。假设两个边界均是恒压边界,而不是非渗透边界。你将如何利用镜像原理求出这口井的压降?

解:回忆一下前文内容,为了解释一个恒压线性边界,我们在边界上对称地放置了一个镜像井,并且把它设置成一口注入井。

这种方法之所以有效,是因为图 A.5 中镜像井 1 沿垂直线所引起的压降在大小上是相等的,但是符号与实际井产生的压降是相反的。

因此,如果存在两个相交成直角的定压边界,我们需要设置两口镜像注入井(-),一口镜像井部署于与实际井(+)垂直边界相对称的位置,另一口镜像井部署于与实际井水平边界相对称的位置,如图 A.6 所示。

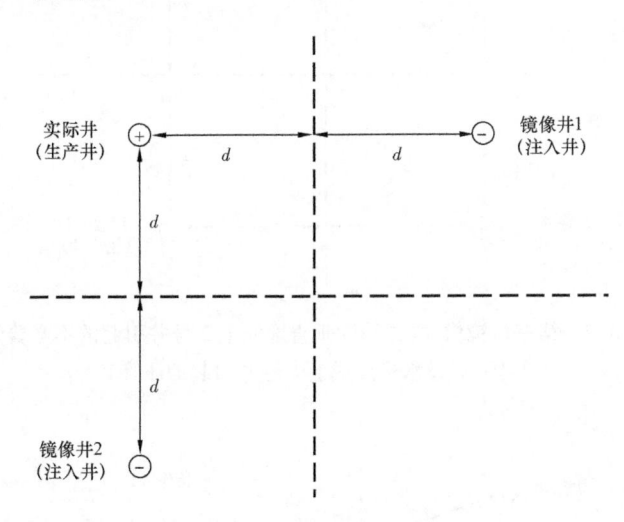

图 A.6 实际井(生产井)和 2 口镜像井(注入井),
设置镜像井 1 以消除实际井沿垂直虚线压降的影响;镜像井 2 对水平线做同样的处理

然而,以上处理方法仍然不是很正确,因为镜像井 2 将引起沿垂直边界的压降,而实际井或第一个镜像井都无法补偿这种压降。

因此,我们需要另一口井来抵消镜像井 2 沿垂直边界造成的压降。这可以通过将另一口生产井(3 号井,+)部署在与 2 号井垂直边界对称的位置来实现,如图 A.7 所示。请注意,镜像井 3 也将抵消镜像井 1 沿水平边界造成的压降。

为了检验以上说法是否正确,让我们检查一下这 4 口井的压降情况。考虑油藏中的任意一点,该点距实际井的距离 R,距镜像井 1 的距离 R_1,距镜像井 2 的距离 R_2,距镜像井 3 的距离 R_3,如图 A.8 所示。

从图 A.8 中可以看出,总压降可写为:

$$\frac{4\pi KH[pR,t - p_i]}{\mu Q} = \text{Ei}\left(\frac{-\phi\mu cR^2}{4Kt}\right) + \text{Ei}\left(\frac{-\phi\mu cR_3^2}{4Kt}\right) - \text{Ei}\left(\frac{-\phi\mu cR_1^2}{4Kt}\right) - \text{Ei}\left(\frac{-\phi\mu cR_2^2}{4Kt}\right)$$

(A.42)

现在考虑一个位于水平恒压边界上的点,如图 A.9 所示。

可以看出,$R_2 = R$ 和 $R_3 = R_1$,因此根据式(A.42),此时的总压降可写为:

$$\frac{4\pi KH[p(R,t) - p_i]}{\mu Q} = \text{Ei}\left(\frac{-\phi\mu cR^2}{4Kt}\right) + \text{Ei}\left(\frac{-\phi\mu cR_1^2}{4Kt}\right) - \text{Ei}\left(\frac{-\phi\mu cR_1^2}{4Kt}\right) - \text{Ei}\left(\frac{-\phi\mu cR^2}{4Kt}\right) = 0$$

(A.43)

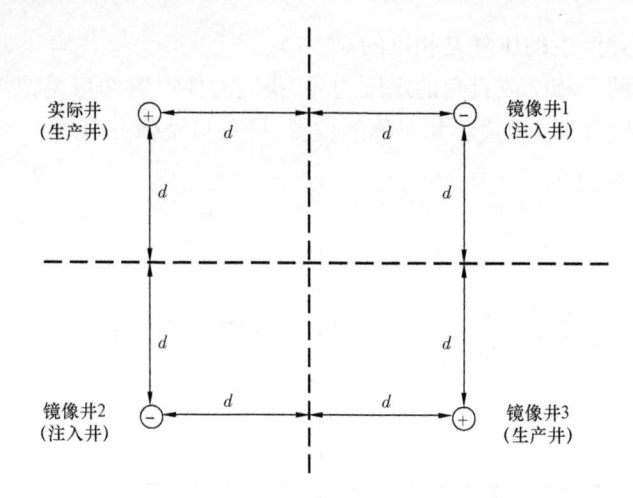

图 A.7　第三口镜像井(以消除垂直虚线上 2 号井引起的不必要的压降,以及水平虚线上 1 号井引起的压降)

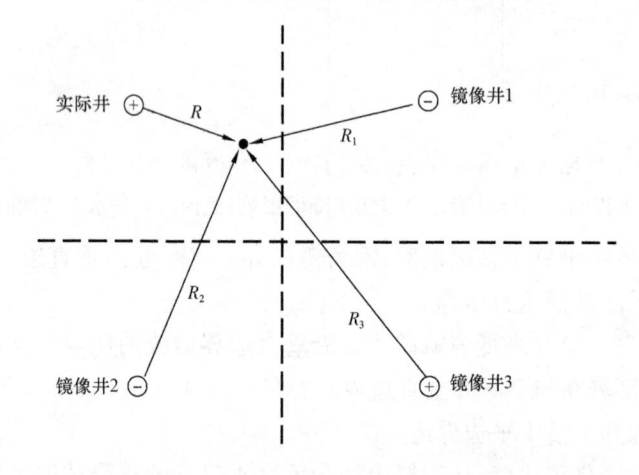

图 A.8　镜像井距油藏中任意一点的距离

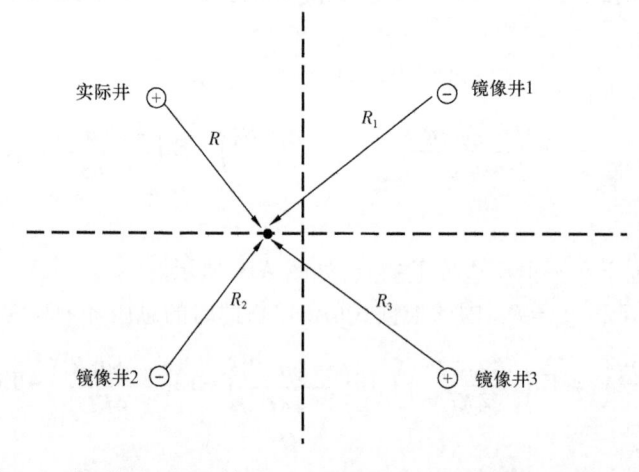

图 A.9　水平恒压边界上任意一点距实际井和不同镜像井的半径距离

以上证明了水平边界上任意一点的压力一直保持为原始油藏压力 p_i。

对于沿垂直虚线的点也是如此,因此证明我们已经构造了由两个正交、相交的等压边界对称地围成的井的解。

对于垂直虚线上的点也是如此,从而证明了我们已经得出了一口位于两个正交的恒压边界且是对称边界井的解。

最后,当储层中任意一点设置在井壁上时,则有 $R = R_w$,$R_1 = R_2 = 2d$,$R_3 = 2\sqrt{2}d$,根据式(A.42)中可以得出实际井的压降,能够得到:

$$\frac{4\pi KH[p_w(t)-p_i]}{\mu Q} = \text{Ei}\left(\frac{-\phi\mu cR_w^2}{4Kt}\right) + \text{Ei}\left(\frac{-2\phi\mu cd^2}{Kt}\right) - 2\text{Ei}\left(\frac{-\phi\mu cd^2}{Kt}\right) \quad (A.44)$$

例题 5.1 想象一下,一口井里充满了流体,井筒中流体高度在储层上方 h 处。液体的密度为 ρ,即使这种流体是不可压缩的,仍然会产生井筒储存效应使井筒中的液柱升高或降低。在这种情况下,推导井筒储存系数 C_s 的表达式。

解:井筒储存系数的基本定义见式(5.19):

$$Q_{sf} - Q_{wh} = C_s \frac{dp_w}{dt} \quad (A.45)$$

考虑一个时间的增量 Δt,在这段时间内流入井筒内流体的净流量为 $(Q_{sf} - Q_{wh})\Delta t$,这必然等于井筒内储存流体体积的变化,即 $A\Delta h$,其中 A 是井筒的横截面积,将这两个表达式带入式(A.45),得出:

$$Q_{sf} - Q_{wh} = A\frac{dh}{dt} \quad (A.46)$$

式(A.45)和式(A.46)应相等,可得出:

$$C_s(dp_w/dt) = A(dh/dt)$$

储层上部液柱产生的压力为 ρgh,因此,$dp_w/dt = \rho g(dh/dt)$,这表明 $C_s\rho g = A$,进一步可得出:

$$C_s = A/\rho g$$

例题 6.1 基于压降表达式(6.73),表明圆形封闭储层中一口油井以恒定产量生产的过渡阶段在 t 时刻结束,$t \approx 0.3\phi\mu cR_e^2/K$。

提示:

(1) 因为当 $x > 4$ 时,$e^{-x} \approx 0$,因此当 $\lambda_n^2 t_D > 4$ 时,对于含有 λ_n 所有的系列项来说,都是可以忽略不计的。

(2) 当 R_{De} 很大时,第一个特征值 λ_1 定义为 λ 的最小值,并满足式(6.71),该值是非常小的,这个结论应该有助于计算特征值 λ_1,其中特征值 λ_1 是作为 R_{De} 的函数,并且认为特征值 λ_1 与 R_{De} 成反比是一个合理的假设。

(3) 利用式(6.37)、式(6.39)、式(6.48)和图 6.3。

解:在本书 6.4 节中,对于圆形封闭储层,已给出了一口井以恒定产量生产时井筒压力的计算公式：

$$\Delta p_{Dw}(t_D) = \frac{2t_D}{R_{De}^2} + \ln R_{De} - \frac{3}{4} + \sum_{n=1}^{\infty} \frac{2J_1^2(\lambda_n R_{De})e^{-\lambda_n^2 t_D}}{\lambda_n^2 [J_1^2(\lambda_n R_{De}) - J_1^2(\lambda_n)]} \qquad (A.47)$$

式中，特征值 λ_n 是采用隐式定义，是以下方程的根：

$$J_1(\lambda_n)Y_1(\lambda_n R_{De}) - Y_1(\lambda_n)J_1(\lambda_n R_{De}) = 0 \qquad (A.48)$$

其中无量纲变量的定义见 6.3 节。

当式(A.47)中的所有的指数项都可以忽略不计时，过渡阶段就结束了。一般来说，在实际计算时我们通常认为当指数的值都小于 0.01 时就表明过渡阶段已结束。

基于之前对式(6.48)的分析可知，该方程总是有无穷多个正特征值 λ_n，如：

$$0 < \lambda_1 < \lambda_2 < \lambda_3 < \cdots < \lambda_n < \cdots \qquad (A.49)$$

式(A.49)表明：

$$0 < \lambda_1^2 t_D < \lambda_2^2 t_D < \lambda_3^2 t_D < \cdots < \lambda_n^2 t_D < \cdots \qquad (A.50)$$

式(A.50)采用 e 的指数形式反过来可得到：

$$e^{-\lambda_1^2 t_D} > e^{-\lambda_2^2 t_D} > e^{-\lambda_3^2 t_D} > \cdots > e^{-\lambda_n^2 t_D} > \cdots \qquad (A.51)$$

因此，如果希望每个指数项都小于 0.01，那么只需要检查第一项是否小于 0.01，当满足以下条件：

$$\lambda_1^2 t_D > 4.6 \rightarrow t_D > \frac{4.6}{\lambda_1^2} \qquad (A.52)$$

因此，我们的主要任务是找出最小的特征值 λ_1，最小的特征值必须满足式(A.48)中对特征值的要求：

$$J_1(\lambda_n)Y_1(\lambda_n R_{De}) - Y_1(\lambda_n)J_1(\lambda_n R_{De}) = 0 \qquad (A.53)$$

从物理意义上来讲，对于较大的储层，过渡阶段结束所需的时间相对来说会更长，反之亦然。因此，根据式(A.52)可以看出，随着无量纲储层外边界 R_{De} 增加，特征值 λ_1 会减少，用极限表示，即为：

$$\text{当 } R_{De} \rightarrow \infty, \text{ 则 } \lambda_1 \rightarrow 0 \qquad (A.54)$$

由于无量纲储层外边界 R_{De} 值一般是大于 100，可知需要求解的式(A.53)的根应非常接近于零。现在做一个合理的假设，认为 λ_1 与 R_{De} 是成反比的，即 $\lambda_1 = c/R_{De}$，当然其中常数项 c 的数值我们是未知的。

现在观察式(A.48)中的所有项，看看是否可以在特征值 λ_1 非常小的条件下简化方程的形式。首先，让我们回到式(6.62)式中：

$$J_1(x) \equiv -\frac{dJ_0(x)}{dx}, Y_1(x) \equiv -\frac{dY_0(x)}{dx} \qquad (A.55)$$

接下来,式(6.37)中已经阐述了如何得到 x 的较小值,通过泰勒级数展开可得:

$$J_0(x) = 1 - \frac{x^2}{4} + \cdots \tag{A.56}$$

联立式(A.55)和式(A.56)得出,对于较小的 x 值,可得:

$$J_1(x) = \frac{-dJ_0(x)}{dx} = \frac{x}{2} + \cdots \tag{A.57}$$

接下来,回忆式(6.39)给出 $Y_0(x)$ 的定义:

$$Y_0(x) = \frac{2}{\pi}\ln(\gamma x/2)J_0(x) - \frac{2}{\pi}\sum_{n=1}^{\infty}\frac{(-1)^n h_n}{(n!)^2 2^{2n}}x^{2n} \tag{A.58}$$

对于一个数值较小的 x,式(A.58)中的所有项都将非常小。而且,从式(A.56)可知当 x 值很小时,$J_0(x) \approx 1$,因此可以得出,当 x 值很小时,式(A.58)可简化为:

$$Y_0(x) \approx \frac{2}{\pi}\ln(\gamma x/2) = \frac{2}{\pi}(\ln x + \ln\gamma - \ln 2) \approx \frac{2}{\pi}\ln x \tag{A.59}$$

式中仅保留对数项 $\ln x$,因为它是式中唯一一个当 x 值变小时它反而会增大的项。现在,使用式(A.55)中的第二个方程,可得:

$$Y_1(x) = -\frac{dY_0(x)}{dx} \approx -\frac{d}{dx}\left(\frac{2}{\pi}\ln x\right) = \frac{-2}{\pi x} \tag{A.60}$$

根据我们的假设:$\lambda_1 = c/R_{De}$,式(A.48)变换为如下形式:

$$J_1(\lambda_1)Y_1(c) - Y_1(\lambda_1)J_1(c) = 0 \tag{A.61}$$

现在,特征值 λ_1 是很小的,c 是某个有限的数(尽管未知),所以,我们可以用式(A.57)表示 $J_1(\lambda_1)$,用式(A.60)表示 $Y_1(\lambda_1)$,得到:

$$\frac{\lambda_1}{2}Y_1(c) + \frac{2}{\pi\lambda_1}J_1(c) = 0$$

$$\rightarrow J_1(c) = -\frac{\pi\lambda_1^2}{4}Y_1(c) = -\frac{\pi c^2}{4R_{De}^2}Y_1(c) \tag{A.62}$$

随着无量纲半径 R_{De} 增大,在实际储层中往往就是这种情形,式(A.62)的右侧变为零。因此,式左侧也必须归零。所以,我们要确定的 c 值需满足以下方程并且是该方程解的最小值:

$$J_1(c) = 0 \tag{A.63}$$

这个数值称为"J_1 的第一零点",可以在大多数高等应用数学书籍中找到。或者我们可以灵活的回想一下,根据式(A.55)可知,当 $J_0(c)$ 的导数为零时,$J_1(c)$ 将为零,我们可以从图6.3中确定 c 值,该值也可从图A.10零阶贝塞尔函数曲线得出。

从图A.10中可以看出,当 $J_0(c)$ 导数为零时,c 的值约为 $c = 3.8$;c 的精确值实际上应该是3.83。将 c 值代入式 $\lambda_1 = c/R_{De}$ 中,得到:

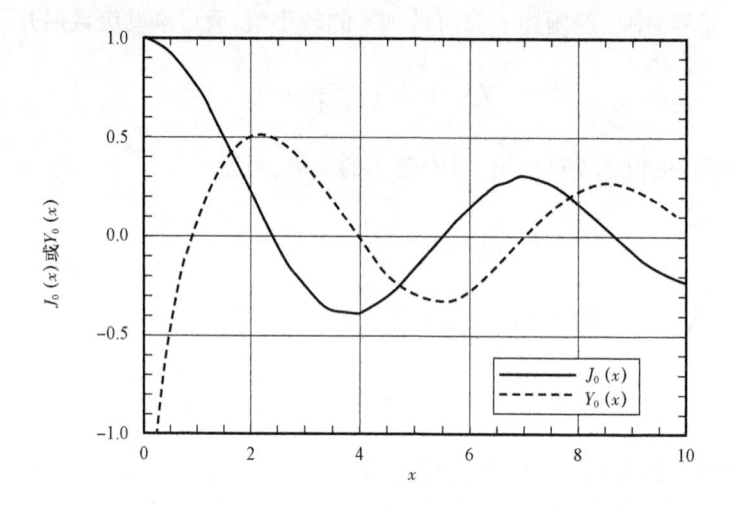

图 A.10　零阶贝塞尔函数

$$\lambda_1 \approx \frac{3.8}{R_{De}} \tag{A.64}$$

因此,式(A.52)过渡阶段结束的判断准则变为:

$$t_D > \frac{4.6}{(3.8/R_{De})^2} \approx 0.3 R_{De}^2 \tag{A.65}$$

如果使用式(6.5)和式(6.6)表述真实物理变量的结果,发现过渡状态在时间为 $t \approx 0.3\phi\mu c R_e^2/K$ 的时刻结束。因此,尽管过渡阶段的结束时间取决于井筒半径,通过变量 R_{De} 或 R_w,当式(A.65)用真实物理量(或无量纲量)表示时,很明显过渡阶段的结束时间取决于储层的总体尺寸,而不是井眼半径。

这个例子表明,虽然在求解过程中使用无量纲参数很方便,而且在绘制结果时,通过最终返回到物理变量,总是可以获得更多的物理洞察力。

例题 6.2　基于式(6.69),计算有限大储层条件下油藏的平均压力,$t_{Dw} \equiv t_D > 0.3 R_{De}^2$,其中储层压力是时间的函数,你的计算结果是否与式(6.83)中呈现出来的质量平衡规律一致?

解:根据储层压力计算公式[式(6.69)]:

$$\Delta p_D(R_D, t_D) = \frac{1}{R_{De}^2 - 1} \left[\frac{R_D^2}{2} + 2t_D - R_{De}^2 \ln R_D \right] - \left[\frac{3R_{De}^4 - 4R_{De}^4 \ln R_{De} - 2R_{De}^2 - 1}{4(R_{De}^2 - 1)^2} \right]$$

$$+ \sum_{n=1}^{\infty} \frac{\pi J_1^2(\lambda_n R_{De}) U_n(\lambda_n R_D)}{\lambda_n [J_1^2(\lambda_n R_{De}) - J_1^2(\lambda_n)]} e^{-\lambda_n^2 t_D} \tag{A.66}$$

当 $t_D > 0.3 R_{De}^2$ 时,最后一项可以忽略掉,压力可由式(A.67)得出:

$$\Delta p_D(R_D, t_D) = \frac{1}{R_{De}^2 - 1} \left[\frac{R_D^2}{2} + 2t_D - R_{De}^2 \ln R_D \right]$$

$$-\left[\frac{3R_{De}^4 - 4R_{De}^4 \ln R_{De} - 2R_{De}^2 - 1}{4(R_{De}^2 - 1)^2}\right] \tag{A.67}$$

因为在实际情况中,总是存在 $R_{De} \gg 1$,式(A.67)可以简化成如下形式:

$$\Delta p_D(R_D, t_D) = \frac{R_D^2}{2R_{De}^2} + \frac{2t_D}{R_{De}^2} - \ln R_D - \frac{3}{4} + \ln R_{De} \tag{A.68}$$

以上表达式从物理意义上很难去解释,因此我们将返回到有量纲变量:

$$p(R,t) = p_i - \frac{\mu Q}{2\pi KH}\left[\frac{R^2}{2R_e^2} + \frac{2Kt}{\phi\mu c R_e^2} - \ln\left(\frac{R}{R_w}\right) - \frac{3}{4} + \ln\left(\frac{R_e}{R_w}\right)\right]$$

$$= p_i - \frac{\mu Q}{2\pi KH}\left[\frac{R^2}{2R_e^2} + \frac{2Kt}{\phi\mu c R_e^2} - \ln\left(\frac{R}{R_e}\right) - \frac{3}{4}\right] \tag{A.69}$$

为了求取储层的平均压力,必须首先在整个储层中对压力进行积分,然后除以储层的总体积,如:

$$\langle p(t) \rangle = \frac{1}{V}\int p(R,t)dV = \frac{1}{AH}\int p(R,t)HdA = \frac{1}{A}\int p(R,t)dA \tag{A.70}$$

式(A.69)方括号内的第二、第四和第五项都是常数,所以它们不需要积分,因为一个常数的平均值 p_0 仍是 p_0。

为了积分随半径 R 变化的项,我们注意到 $dA = 2\pi R dR$,因此,对于与 R 相关的项:

$$\langle p(R,t) \rangle = \frac{2\pi}{A}\int p(R,t)RdR \tag{A.71}$$

从 R_w 到 R_e 的积分,R^2 的平均值可以计算为:

$$\langle R^2 \rangle = \frac{2\pi}{A}\int R^3 dR = \frac{\pi}{2A}(R_e^2 - R_w^4) \approx \frac{\pi R_e^4}{2A} \tag{A.72}$$

但是储层面积可由式(A.73)计算:

$$A = \pi(R_e^2 - R_w^4)\pi R_e^4 \tag{A.73}$$

因此,R^2 的平均值是:

$$\langle R^2 \rangle \approx \frac{\pi R_e^2}{2\pi R_e^4} = \frac{R_e^2}{2} \tag{A.74}$$

类似地,在分部积分后并基于 $R_e \gg R_w$ 的条件,$\ln R$ 项的平均值可由式(A.75)得出:

$$\langle \ln R \rangle \approx \ln R_e - \frac{1}{2} \tag{A.75}$$

将式(A.69)、式(A.74)和式(A.75)带入式(A.70)中,得到:

$$\langle p(R,t) \rangle = p_i - \frac{\mu Q}{2\pi KH}\left(\frac{\langle R^2 \rangle}{2R_e^2} + \frac{2Kt}{\phi\mu c R_e^2} - \langle \ln R \rangle + \ln R_e - \frac{3}{4}\right)$$

$$= p_i - \frac{\mu Q}{2\pi KH}\left(\frac{1}{4} + \frac{2Kt}{\phi\mu c R_e^2} - \ln R_e + \frac{1}{2} + \ln R_e + \frac{3}{4}\right)$$

$$= p_i - \frac{\mu Q}{2\pi KH}\left(\frac{2Kt}{\phi\mu c R_e^2}\right) \tag{A.76}$$

$$= p_i - \frac{Qt}{\phi c \pi R_e^2 H}$$

平均储层压力对 t 求导得到的表达式与式(6.83)式相一致。

$$\frac{\mathrm{d}\langle p(R,t)\rangle}{\mathrm{d}t} = \frac{-Q}{\phi c (\pi R_e^2 H)} = \frac{-Q}{\phi c V} \tag{A.77}$$

如果将平均储层压力表达式(A.76)带入压力分布表达式(A.69)中,并用平均储层压力来表示(通常用 $\bar{p}$ 代替 $\langle p \rangle$),可得到:

$$p(R,t) = \bar{p} - \frac{\mu Q}{2\pi KH}\left[\frac{R^2}{2R_e^2} - \ln\left(\frac{R}{R_e}\right) - \frac{3}{4}\right] \tag{A.78}$$

在井壁处计算压力,并再次利用 $R_e \gg R_w$ 的条件,可以得到井底压力和平均储层压力之间的关系:

$$p_w = \bar{p} - \frac{\mu Q}{2\pi KH}\left[\ln\left(\frac{R_e}{R_w}\right) - \frac{3}{4}\right] \tag{A.79}$$

此方程直接导出了油井产能的常用表达式,它将流速与平均储层压力和井筒压力之间的差异联系起来(Dake,1978,第145页;Matthews 和 Russel,1967,第13页):

$$Q = \frac{2\pi KH(\bar{p} - p_w)}{\mu\left[\ln\left(\frac{R_e}{R_w}\right) - \frac{3}{4}\right]} \tag{A.80}$$

例题 6.3 基于式(6.59),计算在所有的指数项都已消失的后期情况下,具有恒定压力外边界的圆形储层中的平均压力。用此结果来得到一个油井产能方程,这个方程可以将产量与平均储层压力和油井压力之间的差异联系起来。

解:当指数项消失后,式(6.59)变为

$$\Delta p_D(R_D, t_D) - \ln\left(\frac{R_D}{R_{De}}\right) \tag{A.81}$$

利用式(6.63)和式(6.65)回归到有量纲变量,压力剖面可由式(A.82)得出:

$$p(R) = p_i + \frac{\mu Q}{2\pi KH}\ln\left(\frac{R}{R_e}\right) \tag{A.82}$$

按照与例题6.2相同的计算步骤,可求出储层平均压力为:

$$\bar{p} \equiv \langle p(R,t) \rangle = p_i - \frac{\mu Q}{2\pi KH}(\langle \ln R \rangle - \ln R_e)$$

$$= p_i + \frac{\mu Q}{2\pi KH}\left(\ln R_e - \frac{1}{2} - \ln R_e\right) \quad \text{(A.83)}$$

$$= p_i - \left(\frac{1}{2}\right)\frac{\mu Q}{2\pi KH}$$

在此我们使用了例题6.2求解过程中得到的结果：$\langle \ln R \rangle = \ln R_e - 0.5$。

从式(A.82)可以看出，井筒压力可由式得出：

$$p_w = p_i + \frac{\mu Q}{2\pi KH}\ln\left(\frac{R_w}{R_e}\right) \quad \text{(A.84)}$$

利用式(A.83)和式(A.84)可以得出储层平均压力和井筒压力之间的差值为：

$$\bar{p} - p_w = p_i - \frac{\mu Q}{2\pi KH}\frac{1}{2} - p_i - \frac{\mu Q}{2\pi KH}\ln\left(\frac{R_e}{R_w}\right)$$

$$= -\frac{\mu Q}{2\pi KH}\frac{1}{2} - \frac{\mu Q}{2\pi KH}\ln\left(\frac{R_e}{R_w}\right) \quad \text{(A.85)}$$

$$= \frac{\mu Q}{2\pi KH}\left[\ln\left(\frac{R_e}{R_w}\right) - \frac{1}{2}\right]$$

式(A.85)可以变形得到油井的产量表达式：

$$Q = \frac{2\pi KH(\bar{p} - p_w)}{\mu\left[\ln\left(\frac{R_e}{R_w}\right) - \frac{1}{2}\right]} \quad \text{(A.86)}$$

将此结果与例题6.2中的结果进行对照，结果显示当使用储层平均压力与井筒压力之差作为"驱动力"来定义恒压外边界的圆形储层中的井的产能时，它与封闭外边界的圆形储层中井的产能略有不同。

例题7.1 函数$f(t) = e^{-at}$的拉普拉斯变换是什么？

解：基于式(7.1)中给出的基本定义：

$$L[f(t)] \equiv \hat{f}(s) \equiv \int_0^\infty f(t)e^{-st}dt \quad \text{(A.87)}$$

如果我们将$f(t) = e^{-at}$代入到(A.87)式中，得到如下结果：

$$L(e^{-at}) = \int_0^\infty e^{-at}e^{-st}dt = \int_0^\infty e^{-(s+a)t}dt, = \frac{-e^{-(s+a)t}}{s+a}\bigg|_0^\infty = \frac{-e^\infty + e^0}{s+a} = \frac{1}{s+a}$$

$$\text{(A.88)}$$

因此得到，$L(e^{-at}) = 1/(s+a)$。

我们可以以指数函数为基础,用这个结果来求其他函数的拉普拉斯变换。例如:

$$\cosh(at) = \frac{e^{at} + e^{-at}}{2}$$

因此我们得到:

$$L[\cosh(at)] = \frac{1}{2}[L(e^{at}) + L(e^{-at})]$$

$$= \frac{1}{2}\left(\frac{1}{s-a} + \frac{1}{s+a}\right) = \frac{1}{2}\left[\frac{s+a}{(s-a)(s+a)} + \frac{s-a}{(s-a)(s+a)}\right]$$

$$= \frac{s}{(s-a)(s+a)} = \frac{s}{s^2 - a^2}$$

类似地,我们可以利用结果 $L(e^{-at}) = 1/(s+a)$ 来求解 $\sinh(at)$,$\sin(\omega t)$ 以及 $\cos(\omega t)$ 函数的拉普拉斯变换。

例题 7.2 根据拉普拉斯变换的基本定义式(7.1),验证式(7.16)。

解:与上个题一样的做法,我们先从基本定义开始计算,式(7.1)为:

$$L[f(t)] \equiv \hat{f}(s) \equiv \int_0^\infty f(t) e^{-st} dt \qquad (A.89)$$

根据以上定义可以知道函数 $f(at)$ 的拉普拉斯变换是:

$$L[f(at)] = \int_0^\infty f(at) e^{-st} dt \qquad (A.90)$$

通过定义变量 $x = at$ 将上式进行变换,在这种情况下,当满足条件 $t \to x/a$ 和 $dt \to dx/a$ 时,并且积分的上下限制保持为 0 和 ∞,则结果如下:

$$L[f(at)] = \int_0^\infty f(x) e^{-s(x/a)} \frac{dx}{a} = \frac{1}{a} \int_0^\infty f(x) e^{-(s/a)x} dx \qquad (A.91)$$

但是在(A.91)式最后的积分中,x 只是一个虚拟变量,所以可以用 t 来代替它:

$$L[f(at)] = \frac{1}{a} \int_0^\infty f(t) e^{-(s/a)t} dt \qquad (A.92)$$

式(A.92)中的积分只是函数 $f(t)$ 的拉普拉斯变换,其中的拉普拉斯变量 s 被替换为 s/a,因此:

$$L[f(at)] = \frac{1}{a}\hat{f}(s)\bigg|_{s \to s/a} = \frac{1}{a}\hat{f}(s/a) \qquad (A.93)$$

例题 7.3 利用拉普拉斯变换的某些一般性质进行变换,导出式(7.19) $L(t^n) = n!/s^{n+1}$,其中 n 可取任意非负整数。

解:式(7.17)和式(7.18)已经表明了表达式对于 $n = 0$ 和 $n = 1$ 都是成立的。那么我们就可以证明通式,如果能证明"如果这个公式对于任意的 n 值是成立的,那么对于 $n+1$ 它必然也是成立的",这种推理被称为"数学归纳法"。

基于现在我们已经知道的：

$$\int_0^t \tau^n d\tau = \frac{t^{n+1}}{n+1} \tag{A.94}$$

回忆式(7.10)：

$$L\left[\int_0^t f(\tau) d\tau\right] = \frac{1}{s} L[f(t)] \tag{A.95}$$

根据以上原则，将 $f(t) = t^n$ 代入：

$$L\left[\int_0^t \tau^n d\tau\right] = L\left(\frac{t^{n+1}}{n+1}\right) = \frac{1}{s} L(t^n)$$

即

$$L(t^{n+1}) = \frac{n+1}{s} L(t^n) \tag{A.96}$$

现在假设"某些" n 值对于 $L(t^n) = n!/s^{n+1}$ 是成立的，那么可以将其代入式(A.96)的表达式的右侧，得到：

$$L(t^{n+1}) = \frac{n+1}{s} \frac{n!}{s^{n+1}} = \frac{n+1!}{s^{n+2}} \tag{A.97}$$

如果对于 n 来说，$L(t^n) = n!/s^{n+1}$ 是成立的，那么式(A.97)表明它对于 $n+1$ 来说也是成立的。但是我们知道由于 $L(t^0) = L(1) = 1/s$，因此对于 $n=0$ 是成立的。因此，就可以推理出 $n=1$ 也是成立的，那么对于 $n=2$ 等也都是成立的，这些都是通过数学归纳法完成的证明，表明 $L(t^n) = n!/s^{n+1}$ 对于所有非负整数 n 来说都是成立的。

例题7.4 按照7.2节所学习的步骤，利用拉普拉斯变换，当裂缝内压力恒定时，求解水力裂缝中的线性流动问题：

偏微分方程

$$\frac{1}{D} \frac{dp}{dt} = \frac{d^2 p}{dz^2} \tag{i}$$

初始条件

$$p(z, t=0) = p_i \tag{ii}$$

外边界条件

$$p(z \to \infty, t) = p_i \tag{iii}$$

裂缝边界条件

$$p(z=0, t) = p_f \tag{iv}$$

首先，在拉普拉斯域中得到压力函数 $\widehat{p}(z,s)$ 的表达式；然后得出拉普拉斯域中的流体流入裂缝流速的表达式,用 $\hat{Q}_f(s)$ 来表示;最后,将拉普拉斯域中 $\hat{Q}_f(s)$ 逆变换可得到流入裂缝流速与时间的函数 $\hat{Q}_f(t)$。

解:首先,给出 $p(z,t)$ 的拉普拉斯变换:

$$\hat{p}(z,s) \equiv \int_0^\infty p(z,t) = e^{-st} dt \tag{A.98}$$

首先,两边同时对控制偏微分方程式(i)的两边做拉普拉斯变换。使用式(7.7)和初始条件式(ii),式(i)的左侧可以转换成以下形式:

$$L\left(\frac{dp}{dt}\right) = sL[p(z,t)] - p(z,t=0) = s\hat{p}(z,s) - p_i \tag{A.99}$$

通过两次使用准则式(7.27),式(i)右侧的拉普拉斯变换形式为:

$$L\left(D\frac{d^2 p}{dt}\right) = D\frac{d^2}{dz^2}\{L[p(z,t)]\} = D\frac{d^2 \hat{p}(z,s)}{dz^2} \tag{A.100}$$

因此,式(i)常微分方程的拉普拉斯变换形式如下:

$$D\frac{d^2 \hat{p}(z,s)}{dz^2} - s\hat{p}(z,s) = -p_i \tag{A.101}$$

根据7.2节中所述,式(A.101)的通解为:

$$\hat{p}(z,s) = A e^{z\sqrt{s/D}} + B e^{-z\sqrt{s/D}} + \frac{p_i}{s} \tag{A.102}$$

式中,A 和 B 是任意常数,且 A 和 B 的值都是通过边界条件求出的,让我们从外边界条件的拉普拉斯变换开始。首先,外边界条件左边的拉普拉斯变换为:

$$L[p(z=\infty,t)] = L[\lim_{z\to\infty} p(z,t)] = \int_0^\infty \lim_{z\to\infty} p(z,t) e^{-st} dt = \lim_{z\to\infty} \int_0^\infty p(z,t) e^{-st} dt$$

$$= \lim_{z\to\infty} \hat{p}(z,s) = \hat{p}(z\to\infty,s) \tag{A.103}$$

现在,对式(iii)的右侧进行拉普拉斯变换:

$$L(p_i) = L(p_i, 1) = p_i L(1) = \frac{p_i}{s} \tag{A.104}$$

因此,外边界条件的拉普拉斯变换形式为:

$$\hat{p}(z\to\infty,s) = \frac{p_i}{s} \tag{A.105}$$

通过采用相同的方法,式(iv)拉普拉斯变换的表达式为:

$$\widehat{p}(z=0,s) = \frac{p_f}{s} \tag{A.106}$$

我们使用边界条件式(A.105)和式(A.106)来求式(A.102)中的常数 A 和 B。外边界条件式(A.105)表明 A 的值必须为 0。裂缝边界条件式(A.106)表明：

$$\widehat{p}(z=0,s) = B + \frac{p_i}{s} = \frac{p_f}{s} \rightarrow B\frac{p_f - p_i}{s} \tag{A.107}$$

因此，在拉普拉斯域中以上问题的压力表达式为：

$$\widehat{p}(z,s) = \frac{(p_f - p_i)}{s}e^{-z\sqrt{s/D}} + \frac{p_i}{s} \tag{A.108}$$

然后，我们可以在时间域内对裂缝应用达西定律，可得出拉普拉斯域内裂缝中流速的表达式：

$$Q_f(t) = \frac{KA}{\mu}\frac{dp(z=0,t)}{dz} \tag{A.109}$$

接下来，我们可以对式(A.109)两边进行拉普拉斯变换。首先对左侧进行拉普拉斯变换，根据定义：

$$L[Q_f(t)] = \widehat{Q}_f(s) \tag{A.110}$$

然后，使用准则式(7.27)对式(A.109)的右侧进行拉普拉斯变换：

$$L\left[\frac{KA}{\mu}\frac{dp(z=0,t)}{dz}\right] = \frac{KA}{\mu}L\left[\frac{dp(z=0,t)}{dz}\right] = \frac{KA}{\mu}\frac{d\widehat{p}(z=0,s)}{dz} \tag{A.111}$$

因此，式(A.109)两边进行拉普拉斯变换后的形式是：

$$\widehat{Q}_f(s) = \frac{KA}{\mu}\frac{d\widehat{p}(z=0,s)}{dz} \tag{A.112}$$

由式(A.108)可得，式(A.112)中出现的导数为：

$$\frac{d\widehat{p}(z,s)}{dz} = -\sqrt{s/D}\frac{(p_f - p_i)}{s}e^{-z\sqrt{s/D}} = \frac{(p_i - p_f)}{\sqrt{sD}}e^{-z\sqrt{s/D}} \rightarrow \frac{d\widehat{p}(z=0,s)}{dz} = \frac{(p_i - p_f)}{\sqrt{D}\sqrt{s}} \tag{A.113}$$

联立式(A.112)和式(A.113)得出：

$$\widehat{Q}_f(s) = \frac{KA(p_i - p_f)}{\mu\sqrt{D}\sqrt{s}} \tag{A.114}$$

最后，我们需要对 $\widehat{Q}_f(s)$ 进行逆变换，以求得流入裂缝流速与时间的关系函数 $\widehat{Q}_f(t)$。使用式(7.23)来求 $s^{-1/2}$ 的逆拉普拉斯变换，会得出：

$$Q_{\mathrm{f}}(t) = L^{-1}[\hat{Q}_{\mathrm{f}}(s)] = L^{-1}\left[\frac{KA(p_{\mathrm{i}} - p_{\mathrm{f}})}{\mu\sqrt{D}\sqrt{s}}\right] = \frac{KA(p_{\mathrm{i}} - p_{\mathrm{f}})}{\mu\sqrt{D}}L^{-1}(s^{-1/2}) = \frac{KA(p_{\mathrm{i}} - p_{\mathrm{f}})}{\mu\sqrt{D\pi t}}$$

(A.115)

现在将 $D = K/\phi\mu c$ 带入式(A.115),变换得到:

$$Q_{\mathrm{f}}(t) = \frac{KA(p_{\mathrm{i}} - p_{\mathrm{f}})}{\mu\sqrt{K\pi t/\phi\mu c}} = A(p_{\mathrm{i}} - p_{\mathrm{f}})\sqrt{\frac{\phi c K}{\pi\mu t}}$$

(A.116)

所以,如果裂缝中的压力是恒定的,那么流速就会下降到 $t^{-1/2}$。

通过对瞬时流速进行积分可以得到从 0 时刻到 t 时刻的累积流量:

$$\int_0^t Q_{\mathrm{f}}(\tau)\mathrm{d}\tau = \int_0^t A(p_{\mathrm{i}} - p_{\mathrm{f}})\sqrt{\frac{\phi c K}{\pi\mu\tau}}\mathrm{d}\tau = 2A(p_{\mathrm{i}} - p_{\mathrm{f}})\sqrt{\frac{\phi c K t}{\pi\mu}}$$

(A.117)

因此,累积流量的增加为 $t^{1/2}$。

例题 8.1 在未查阅沃伦(Warren)和鲁特(Root)论文的前提下,请描述以下两种条件下图 8.1 中压降曲线将如何变化?(1)如果储容比 ω 增加(或减少)10 倍;(2)传导率 λ 增加(或减少)10 倍。

解:根据式(8.26),早期阶段的直线段可由式(A.118)确定:

$$\Delta p_{\mathrm{Dw}} = \frac{1}{2}(\ln t_{\mathrm{D}} - \ln\omega + 0.8091)$$

(A.118)

因此,如果储容比 ω 增加 10 倍会导致半对数曲线图中这条直线向下移动 $(1/2)\ln\omega = (1/2)\ln(10) = 1.151$。反过来看,储容比 ω 减少 10 倍会使这条直线向上移动 1.151。后期阶段的半对数曲线图中的直线段是由式(8.28)给出的:

$$\Delta p_{\mathrm{Dw}} = \frac{1}{2}(t_{\mathrm{D}} + 0.8091)$$

(A.119)

由于这个式子中不含储容比 ω,因此后期阶段的直线段不会受储容比 ω 变化的影响,根据式(8.34)我们可以知道交叉时间 t_{D2} 不取决于储容比 ω。所以,如果储容比 ω 变化 10 倍,且 λ 不变,则压降曲线如图 A.11 所示。

由于传导率 λ 未出现在式(8.26)和式(8.28)中,所以这两条半对数直线在 λ 变化时并不会移动。为了消除 λ 对公式的影响,需要找到一个与 λ 相关但与储容比 ω 无关的压降曲线的特性。式(8.34)表明了水平渐近线与后期阶段直线相交的时间是由式(A.120)得出的:

$$t_{\mathrm{D2}} = \frac{1}{\gamma\lambda} \quad \text{或} \quad \ln t_{\mathrm{D2}} = -\ln\gamma - \ln\lambda$$

(A.120)

因此,λ 增加 10 倍会导致 $\ln t_{\mathrm{D2}}$ 向左移动一个大小为 $\ln 10 = 2.303$ 的距离;相反,λ 减少 10 倍会导致 $\ln t_{\mathrm{D2}}$ 向右移动一个大小为 $\ln 10 = 2.303$ 的距离。

图 A.12 所示的分别为一组数据 $\{\omega, \lambda\}$ 以及 $\{\omega, 10\lambda\}$ 和 $\{\omega, 0.1\lambda\}$ 的压降曲线。λ 值增大表明基质渗透率也随之增加。

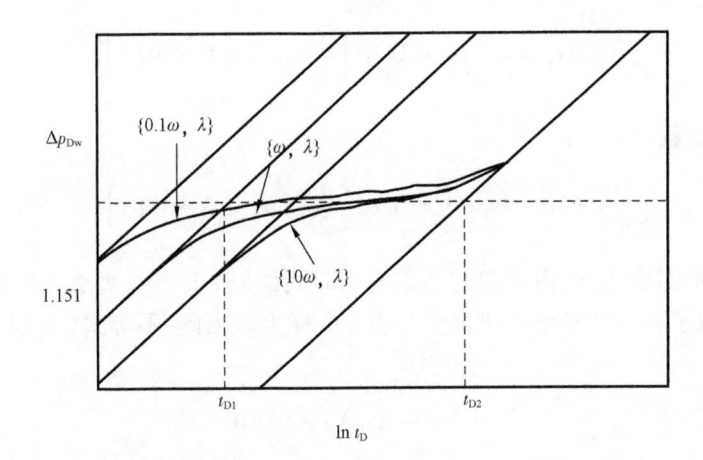

图 A.11　双重孔隙储层中一口井在不同储容比 ω 条件下的压降曲线示意图

因此从图 A.12 中我们可以看出,如果增加 λ 的值,压降曲线在更短的时间内可达到准稳态(第二个)直线段是合理的。

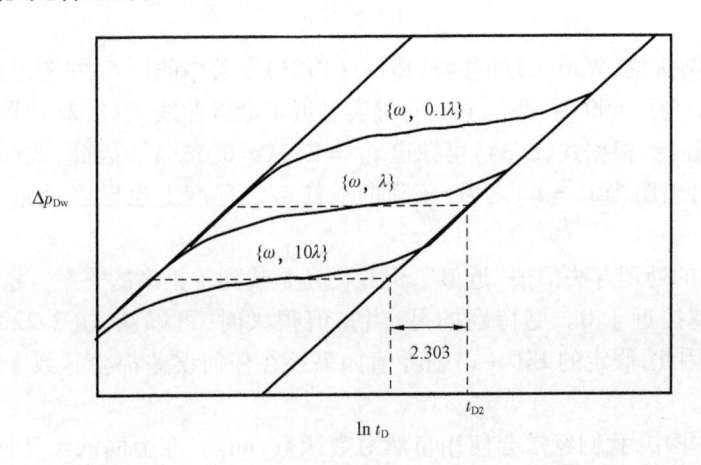

图 A.12　双重孔隙储层中一口井在不同传导率比值 λ 条件下的压降曲线示意图

例题 8.2　通过仔细观察式(8.24),并利用式(2.22)或表 2.1,为了使式(8.28)的近似值精确到 1% 以内,推导油井已经生产的时间的表达式,你的答案必须用参数 λ 来表示。

解:为了接近这个近似值,与式(8.28)中的剩余两项相比,式(8.24)中的 Ei 两项必须忽略不计,这些式子重复如下:

$$\Delta p_{Dw} = \frac{1}{2}\left\{\ln t_D + 0.8091 + \mathrm{Ei}\left[\frac{-\lambda t_D}{\omega(1-\omega)}\right] - \mathrm{Ei}\left(\frac{-\lambda t_D}{1-\omega}\right)\right\} \tag{A.121}$$

$$\Delta p_{Dw} = \frac{1}{2}(\ln t_D + 0.80901) \tag{A.122}$$

由于大多数裂缝性储层中储容比 $\omega \ll 1$,因此第一个 Ei 项中"x"将远远大于第二个 Ei 项中的"x"。但是 $\mathrm{Ei}(-x)$ 的量级会随 x 的增大而迅速减小,所以我们只需要考虑第二个 Ei 项。

因此,Ei 项可以忽略的条件是:

$$\left| \mathrm{Ei}\left(\frac{-\lambda t_\mathrm{D}}{1-\omega}\right) \right| < 0.01\left[\frac{1}{2}(\ln t_\mathrm{D} + 0.8091)\right] \tag{A.123}$$

如果 $\omega \ll 1$，这就相当于：

$$|\mathrm{Ei}(-\lambda t_\mathrm{D})| < 0.01\left[\frac{1}{2}(\ln t_\mathrm{D} + 0.8091)\right] \tag{A.124}$$

这个时候我们需要注意，由于我们考虑的是时间的"较大"值，那么 $\ln t_\mathrm{D}$ 项至少与 0.8091 一样大，这就导致了右边括号里的值至少要和 1 一样大。因此，不等式（A.124）成立的充分条件是：

$$|\mathrm{Ei}(-\lambda t_\mathrm{D})| < 0.01 \tag{A.125}$$

观察表 2.1，我们会发现如果 $\ln t_\mathrm{D}$ 约大于 3，式（A.125）将保持不变。因此，式（8.24）的判断准则变化为式（8.28）判断准则，也就是说，储层表现为单孔隙度储层，储层储集能力等于裂缝与基质块体组合储集能力的判断准则为：

$$t_\mathrm{D} > 3/\lambda \tag{A.126}$$

如果我们查阅沃伦（Warren）和鲁特（Root）(1963) 专著中的图 5，并考虑储容比 $\lambda = 0.005$ 的压降曲线，当 t_D 为约 600 时，我们看到它确实靠近了渐近曲线式（8.28），即与式（A.126）完全一致。另外请注意，根据式（8.34）可知道 $t_\mathrm{D2} = 1/\gamma\lambda = 0.56/\lambda$。因此，式（A.126）的结果也与式（8.23）一致，表明当 $t_\mathrm{D} = t_\mathrm{D2}$ 之后，压降曲线在一定程度上也已经靠近了第二条直线渐近线。

备注 1：以上的处理方法都很"近似"，但我们还是找到了正确的答案。这是因为随着 x 的增加，Ei 函数值越接近于 0。更特别的是，当 x 值很大时，可以从式（2.22）中的得出，$-\mathrm{Ei}(-x) \approx \mathrm{e}^{-x}/x$。因此，假定的 $\mathrm{Ei}(-x)$ 临界值如果存在任何误差都会导致 x 的临界值产生一个非常小的误差。

备注 2：在数学中，我们经常会使用自然对数函数，$\ln t_\mathrm{D}$。在上面的示意图中，我们使用了 $\ln t_\mathrm{D}$，以保持讨论的简单性。但更常见的是沃伦（Warren）和鲁特（Root）的著作中图 5 所示，是以 10 为底的对数函数，即使用的是"$\lg t_\mathrm{D}$"。

例题 9.1 这个问题是关于在采用了水力压裂增产的页岩气藏中建立天然气生产的简化模型。

联立式（8.2）和式（8.7）可以导出裂缝性油藏中基质岩块平均压力的控制常微分方程：

$$\frac{\mathrm{d}\bar{p}_\mathrm{m}}{\mathrm{d}t} = \frac{-\alpha K_\mathrm{m}}{\phi_\mathrm{m}\mu c_\mathrm{m}}(\bar{p}_\mathrm{m} - p_\mathrm{f}) \tag{A.127}$$

如 9.2 节中所述，在气藏中，流体压缩系数通常会远远超过地层的压缩系数，因此气体充满的基质岩块的总压缩系数可近似为 $c_\mathrm{m} = c_\mathrm{gas}$。此外，如果将气体的行为近似看成理想状态，那么根据式（9.7），可以得出 $c_\mathrm{m} = c_\mathrm{gas} = 1/p_\mathrm{m}$。

(1) 假设气藏中的基质岩块的原始压力为 p_i，投产后裂缝周围的压力降低到某一数值 p_f，且 $p_\mathrm{f} < p_\mathrm{i}$，然后保持这个压力不变。用 c_m 的初值 $1/p_\mathrm{i}$ 近似 $c_\mathrm{m} = 1/p_\mathrm{m}$ 项，然后将式（A.127）积

分,求出基质岩块的平均压力,它是时间的函数。最后利用式(8.2)从基质岩块中得到产气量随时间变化的表达式。

(2)需要注意的是,当 $x>5$(大致)时,e^{-x} 将小于 0.01,那么就可以得出基质岩块产气速度下降到其初始值的 1% 时的表达式。

(3)当页岩气藏经过水力压裂时,水力压裂缝与油藏中已有的微裂缝和层理面的相互作用将在井筒周围形成一个裂缝网络。假设这个裂缝网络将井筒周围的区域分解成一组立方块,这些立方块可以用大小为 L 的正方体来近似。假设 $L=1\mathrm{m}, \phi_m = 0.1, \mu = 1 \times 10^{-5} \mathrm{Pa \cdot s}$,$K_m = 10^{-21} \mathrm{m}^2$ 和 $p_i = 20\mathrm{MPa}$,产气速度下降到初始值的 1% 将需要多长时间?

解:当裂缝中的流体压力 p_f 保持不变的情况下,式(A.127)的通解将会是如下表达式:

$$\bar{p}_m = p_f + A\exp\left(\frac{-\alpha K_m t}{\phi_m \mu c_m}\right) \tag{A.128}$$

式中,A 是任意常数。当 $t=0$ 时 $A = p_i - p_f$,初始条件下的平均压力 $\bar{p}_m = p_i$。因此,基质岩块中的平均压力是:

$$\bar{p}_m = p_f + (p_i - p_f)\exp\left(\frac{-\alpha K_m t}{\phi_m \mu c_m}\right) \tag{A.129}$$

将这个结果与式(8.2)联立起来,可以得出流出基质岩块的流量为:

$$q_{mf} = \frac{\alpha K_m(p_i - p_f)}{\mu}\exp\left(\frac{-\alpha K_m t}{\phi_m \mu c_m}\right) \tag{A.130}$$

此流量如果满足下式将会下降到其初始值的 1%:

$$\frac{\alpha K_m t}{\phi_m \mu c_m} = 5 \text{ 或 } t = \frac{5\phi_m \mu c_m}{\alpha K_m} \tag{A.131}$$

如果基质岩块大致是一个尺寸为 L 的立方体,那么由式(8.3)可以算出形状因子 $\alpha = 3\pi^2/L^2$,因此"经过的时间数值"将是:

$$t_{\text{depleted}} = \frac{5\phi_m \mu c_m L^2}{3\pi^2 K_m} \approx \frac{0.17\phi_m \mu c_m L^2}{K_m} \tag{A.132}$$

将值 $L=1\mathrm{m}, \phi_n = 0.1, \mu = 1\times 10^{-5}\mathrm{Pa \cdot s}, K_m = 10^{-21}\mathrm{m}^2$ 和 $c_m = 1/p_i = 5\times 10^{-8} \mathrm{Pa}^{-1}$ 代入式(A.132)中,可以预测产气量将在约 $10^7 \mathrm{s}$ 后基本上"消失",也就是说大约是 100 天。这个非常粗略的模型可以解释为什么页岩气井的产量往往将会在几个月后急剧下降。

附录 B 单位换算关系

1 atm = 101.33 kPa
1 psi = 6.89 kPa
1 bbl = 0.1589 m^3
1 lbf/in^2 = 6895 N/m^2 = 6895 Pa
1 ft = 0.3048 m
1 in = 25.4 mm
1 P = 0.1 N · s/m^2

附录 C 专业术语

A——垂直于流动方向的恒截面面积,m^2;

A——油藏的泄油面积,m^2;(仅第 6 章)

C_A——迪茨形状因子,式 6.85;(仅第 6 章)

C_s——井筒储集系数,$C_s = V_{\omega cf}$,m^3/Pa;(仅第 5 章)

C_D——无量纲井筒储集系数,式(5.24);(仅第 5 章)

c——压缩系数,Pa^{-1};

c_f——流体压缩系数,Pa^{-1};

c_t——综合压缩系数,$c_t = c_f + c_\phi$,Pa^{-1};

c_ϕ——地层(孔隙)压缩系数,Pa^{-1};

D——非达西表皮系数,式(9.40),s/m^3;(仅第 9 章)

D_H——水力扩散系数,$D_H = K/\phi \mu c_t$,m^2/s;

d——孔径,m;

d——井到断层的距离,m;(仅第 4 章)

Ei——幂积分函数,式(2.21);

g——重力加速度,m/s^2;

H——储层厚度,m;

J_0——第一类贝塞尔函数,0 阶,式(6.37);

J_1——第一类贝塞尔函数,1 阶,式(6.62);

K——渗透率,m^2;

K_B——玻尔兹曼常数,$Pa \cdot m^3/K$;(仅第 9 章)

K_f——裂缝网络渗透率,m^2;(仅第 8 章);

K_m——基质岩块的渗透率,m^2;(第 8 章)

K_R——未受伤害储层的渗透率,m^2;(仅第 5 章)

K_{ro}——油相相对渗透率;(仅第 1 章)

K_{rw}——水相相对渗透率;(仅第 1 章)

K_S——近井表皮区域渗透率,m^2;(仅第 5 章)

L——样品长度,m;(仅第 1 章)

L——拉普拉斯变换算子,s;(仅第 7 章)

L——水力裂缝长度,m;(仅第 7 章)

M——数学运算符的通用符号;(仅第 3 章)

m——多孔岩石区域内的流体质量,kg;(仅第 1 章)

m——压降与对数时间关系曲线的斜率,式(2.47),Pa;(仅第 2 章)

m——真实气体的拟压力,式(9.15),$Pa \cdot m^2/s$;(仅第 9 章)

p——压力,Pa;
p_c——校正压力,式(1.9),Pa;(仅第1章)
p_c——毛细管压力,式(1.49),Pa;(仅第1章)
p_D——无量纲压力,$p_D = (p_i - p)/(p_i - p_w)$;(仅第6章)
p_{Df}——裂缝中的无量纲压力,式(8.9);(仅第8章)
p_{Dm}——基质岩块中的无量纲压力,式(8.10);(仅第8章)
p_D^S——无量纲压力的稳态分量;(仅第6章)
p_f——裂缝压力,Pa;(仅第8章)
p_i——初始油藏压力,Pa;
p_m——气藏试井过程中的平均压力,式(9.11),Pa;(仅第9章)
$\bar{p}_m$——基质岩块的平均压力,Pa;(仅第8章)
$\hat{p}$——p 的拉普拉斯变换,式(7.2),Pa·s;(仅第7章);
p^*——克林肯伯格特征压力,式(9.44),式(9.45),Pa;(仅第9章);
Δp_D——无量纲压降,$\Delta p_D = 2\pi(p_i - p)/\mu Q$;
Δp_{Dw}——井筒内无量纲压降,$\Delta p_{Dw} = 2\pi KH(p_i - p_w)/\mu Q$;
Δp_Q——单位流量压降,Pa·s/m³;
Δp_S——表层区域压降,$\Delta p_S = \mu Qs/(2\pi K_R H)$,Pa;(仅第5章)
p_D——无量纲压力的瞬态分量;(仅第6章)
Q——体积流量,m³/s;
Q_{sf}——井底流量(从储层到井筒),m³/s;(仅第5章)
Q_{wh}——井口流量,m³/s;(仅第5章)
Q^*——井总注入体积,$Q^* = Q\delta t$,m³;(仅第2章)
Q^*——常数 m³/s;(仅例题3.2)
q——流体流量,$q = Q/A$,m/s;
q_{mf}——从基质岩块到裂缝的窜流量,L/s;(仅第8章)
q_o——油相流量,m/s;(仅第1章)
q_w——水相流量,m/s;(仅第1章)
R——气体常数,式(9.5),Pa·m³/(kg·K);(仅第9章)
R——距井中心径向距离,m;
R_D——无量纲半径,$R_D = R/R_w$;
R_{De}——储层无量纲长度,$R_{De} = R_e/R_w$;(仅第6章)
R_e——圆形储层外半径,m;(仅第6章)
R_o——圆形储层外半径,m;(仅第1章和第5章)
R_S——表皮半径,m;(仅第5章)
R_w——井筒半径,m;
R_e——雷诺数,式(9.30);(仅第9章)
S——表皮系数,式(5.7);(仅第5章)

S——拉普拉斯变换变量,1/s;(仅第 7 章)
T——热力学温度,K;(仅第 9 章)
t——时间,s;
t_D——无量纲时间,$t_D = Kt/\phi\mu cR^2$;
t_D——无量纲时间,式(8.8);(仅第 8 章)
t_{DA}——基于泄油区域的无量纲时间,式(6.86);(仅第 6 章)
t_{Dw}——井筒内无量纲时间,$t_{Dw} = Kt/\phi\omega cR_w^2$;
t_H——赫诺时间,$t_H = (t + \Delta t)/\Delta t$;(仅第 3 章)
t^*——常数,s;(仅问题 3.2)
Δt——压力恢复测试关井时间,s;(仅第 3 章)
v——流体微粒运移速度,式(9.34),m/s;
x——笛卡儿坐标,m;
x——临时变量,$x = \lambda R_D$;(仅第 6 章)
Y_0——第二类贝塞尔函数,0 阶,式(6.39);
Y_1——第二类贝塞尔函数,1 阶,式(6.62);
y——临时变量,$y = \eta(dp/d\eta)$,Pa;(仅第 2 章)
z——垂直坐标(向下测量),m;(仅第 1 章)
z——距水力压裂缝距离,m;(仅第 7 章)
z——气体偏差系数,式(9.12);(仅第 9 章)
Z_o——计算校正压力的参考深度,m;(仅第 1 章)
α——基质岩块的形状因子,式(8.2),1/m²;
β——福希海默系数,式(9.38),Pa·s²/kg;(仅第 9 章)
ϕ——孔隙度;
γ——欧拉数,1.781NB:某些专著/论文中定义 $\gamma = \ln 1.781 = 0.5772$;
η——玻尔兹曼变量,$\eta = \mu cR^2/(Kt)$;
λ——特征值;(仅第 6 章)
λ——传导率,式(8.19);(仅第 8 章)
λ——气体分子的平均自由程,式(9.41),m;(仅第 9 章)
μ——黏度,Pa·s;
μ_w——水相黏度,Pa·s;(仅第 1 章)
μ_o——油相黏度,Pa·s;(仅第 1 章)
ρ——密度,kg/m³;
σ——有效分子直径,m;(仅第 9 章)
τ——积分中使用的时型变量,s
ω——储容比,式(8.18);(仅第 8 章)

参 考 文 献

Agarwal, R. G. , Al－Hussainy, R. and Ramey, H. J. (1970). An investigation of wellbore storage and skin effect in unsteady liquid flow: 1. Analytical treatment, *Society of Petroleum Engineers Journal*, 10(3), 279–290.

Barenblatt, G. L. , Zheltov, Y. P. and Kochina, I. N. (1960). Basic concepts in the theory of seepage of homogeneous liquids in fissured rocks, *Journal of Applied Mathematics and Mechanics*, 24(5), 1286–1303.

Bear, J. (1972). *Dynamics of Fluids in Porous Media*, American Elsevier, New York.

Blunt, M. J. (2017). *Reservoir Engineering: The Imperial College Lectures in Petroleum Engineering*, Vol. 2, World Scientific, London and Singapore.

Bourdet, D. and Gringarten, A. C. (1980). Determination of fissure volume and block size in fractured reservoirs by type－curve analysis. *SPE Annual Fall Technical Conference and Exhibition*, Dallas, Texas, 21–24 September (SPE–9293).

Brigham, W. E. , Peden, J. M. , Ng, K. F. and O'Neill, N. (1980). The analysis of spherical flow with wellbore storage, *SPE Annual Fall Technical Conference and Exhibition*, Dallas, Texas, 21–24 September (SPE–9294).

Carslaw, H. S. and Jaeger, J. C. (1949). *Operational Methods in Applied Mathematics*, Oxford University Press, Oxford.

Chen, H. K. and Brigham, W. E. (1978). Pressure buildup for a well with storage and skin in a closed square, *Journal of Petroleum Technology*, 36(1), 141–146.

Chierici, G. L. (1994). *Principles of Petroleum Reservoir Engineering*, Vol. 1, Springer, New York.

Churchill, RV. (1958). *Operational Mathematics*, McGraw–Hill, New York.

Dake, L. P. (1978). *Fundamentals of Reservoir Engineering*, Elsevier, Amsterdam.

Daltaban, T. S. and Wall, C. G. (1998). *Fundamental and Applied Pressure Analysis*, Imperial College Press, London:

Darcy, H. (1856). *Les Fontaines Publiques de la Ville de Dijon* (The public fountains of the City of Dijon), Dalmont, Paris.

de Marsily, G. (1986). *Quantitative Hydrogeology*, Academic Press, San Diego.

Dietz, D. N. (1965). Determination of average reservoir pressure from buildup surveys, *Journal of Petroleum Technology*, 23(8), 955–959.

Duhamel, J. N. C. (1833). Sur la methode generale relative au mouvement de la chaleur dans les corps solides plonges dans des milieux dont la temperature varie avec Ie temps (On the general method regarding the movement of heat in a body immersed in a medium whose temperature varies with time), *Journal de l'Ecole Poly technique*, 14(22), 20–77.

Dupuit, J. (1857). Mouvement de l'eau a travers Ie terrains permeables (Movement of water through permeable formations), *Comptes Rendus de l'Academie des Sciences*, 45, 92–96.

Earlougher, RC. (1977). *Advances in Well Test Analysis*, Society of Petroleum Engineers, Dallas.

Gringarten, A. C. (1984). Interpretation of tests in fissured and multilayered reservoirs with double－porosity behavior: Theory and practice, *Journal of Petroleum Technology*, 36(4), 549–564.

Hirschfelder, J. O. , Curtiss, C. F. and Bird, RB. (1954). *Molecular Theory of Gases and Liquids*; Wiley, New York.

Jaeger, J. C. , Cook, N. G. W. and Zimmerman, RW. (2007). *Fundamentals of Rock Mechanics*, 4th edition, Wiley–Blackwell, Oxford.

Joseph, J. A. and Koederitz, L. F. (1985). Unsteady–state spherical flow with storage and skin, *Society of Petroleum Engineers Journal*, 25(6), 804–822.

Kazemi, H. (1969). Pressure transient analysis of naturally fractured reservoirs with uniform fracture distribution, *Society of Petroleum Engineers Journal*, 9(4), 451 – 462.

24. Kazemi, H., Merrill, L. S., Porterfield, K. L. and Zeman, P. R (1976). Numerical simulation of water – oil flow in naturally fractured reservoirs, *Society of Petroleum Engineers Journal*, 16(6), 317 – 326.

Klinkenberg, L, J. (1941). The Permeability of Porous Media to Liquids and Gases, in *Drilling and Production Practices*, American Petroleum Institute, Washington, D. C., pp. 200 – 213.

Matthews, C. S. and Russell, D. G. (1967). *Pressure Buildup and Flow Tests in Wells*, Society of Petroleum Engineers, Dallas.

Muskat, M. (1937). *The Flow of Homogeneous Fluids through Porous Media*, McGraw – Hill, New York.

Quintard, M. and Whitaker, S. (1996). Transport in chemically and mechanically heterogeneous porous media: 2, Comparison with numerical experiments for slightly compressible single – phase flow, *Advances in Water Resources*, 19(1), 49 – 60.

Stanislav, J. F. and Kabir, C. S. (1990). *Pressure Transient Analysis*, Prentice – Hall, Englewood Cliffs, New Jersey.

Stehfest, H. (1968). Algorithm 368: Numerical inversions of Laplace transforms, *Communications of the Association for Computing Machinery*, 13(1), 47 – 49.

Stewart, G. (2011). *Well Test Design and Analysis*, Pennwell Publishers, Tulsa, Oklahoma.

Streltsova, T. D. (1988). *Well Testing in Heterogeneous Formations*, Wiley, New York.

Theis, C. V. (1935). The relation between the lowering of the piezometric
surface and the rate and duration of discharge of a well using groundwater
storage, *Transactions American Geophysical Union*, 16, 519 – 524.

Thiem, A (1887). Verfahress fur Naturlicher Grundwassergeschwindegki – ten (Movement of natural groundwater flow). *Polytechnisches Notizblatt*, 42, 229.

Tranter, C. J. (1971). *Integral Transforms in Mathematical Physics*, Chapman and Hall, London.

van Everdingen, A. F. and Hurst, W. (1949). The application of the Laplace transformation to flow problems in reservoirs, *Petroleum Transactions*, AIME, 186, 305 – 324.

Warren, J. E. and Root, P. J. (1963). The behavior of naturally fractured reservoirs, *Society of Petroleum Engineers Journal*, 3(3), 245 – 255.

Watson, G. N. (1944). *A Treatise on the Theory of Bessel Functions*, 2nd edition, Cambridge University Press, Cambridge.

Wattenbarger, R. A. and Ramey, H. J. (1970). An investigation of wellbore storage and skin effect in unsteady liquid flow: ii. Finite difference treatment, *Society of Petroleum Engineers Journal*, 10(3), 291 – 297.

Zimmerman, RW. (1991). *Compressibility of Sandstones*, Elsevier, Amsterdam.

Zimmerman, RW. (2017a), Introduction to rock properties, in *Topics in Reservoir Management: The Imperial College Lectures in Petroleum Engineering*, Vol. 3, World Scientific, London and Singapore, pp. 1 – 46.

Zimmerman, RW. (2017b). Pore volume and porosity changes under uniaxial strain conditions, *Transport in Porous Media*, 119(2), 481 – 498.

Zimmerman, RW., Chen, G., Hadgu, T. and Bodvarsson, G. S. (1993). A numerical dual – porosity model with semi-analytical treatment of fracture/matrix flow, *Water Resources Research*, 29(7), 2127 – 2137.

国外油气勘探开发新进展丛书（一）

书号：3592
定价：56.00元

书号：3663
定价：120.00元

书号：3700
定价：110.00元

书号：3718
定价：145.00元

书号：3722
定价：90.00元

国外油气勘探开发新进展丛书（二）

书号：4217
定价：96.00元

书号：4226
定价：60.00元

书号：4352
定价：32.00元

书号：4334
定价：115.00元

书号：4297
定价：28.00元

国外油气勘探开发新进展丛书（三）

书号：4539
定价：120.00元

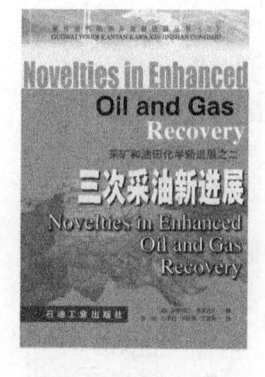

书号：4725
定价：88.00元

书号：4707
定价：60.00元

书号：4681
定价：48.00元

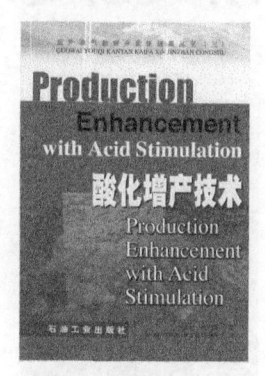

书号：4689
定价：50.00元

书号：4764
定价：78.00元

国外油气勘探开发新进展丛书（四）

书号：5554
定价：78.00元

书号：5429
定价：35.00元

书号：5599
定价：98.00元

书号：5702
定价：120.00元

书号：5676
定价：48.00元

书号：5750
定价：68.00元

国外油气勘探开发新进展丛书（五）

书号：6449
定价：52.00元

书号：5929
定价：70.00元

书号：6471
定价：128.00元

书号：6402
定价：96.00元

书号：6309
定价：185.00元

书号：6718
定价：150.00元

国外油气勘探开发新进展丛书（六）

书号：7055
定价：290.00元

书号：7000
定价：50.00元

书号：7035
定价：32.00元

书号：7075
定价：128.00元

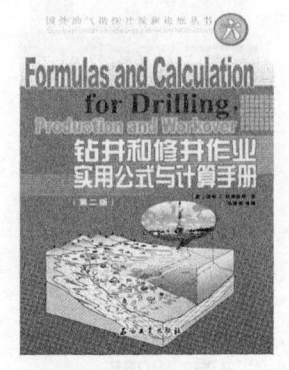

书号：6966
定价：42.00元

书号：6967
定价：32.00元

国外油气勘探开发新进展丛书（七）

书号：7533
定价：65.00元

书号：7802
定价：110.00元

书号：7555
定价：60.00元

书号：7290
定价：98.00元

书号：7088
定价：120.00元

书号：7690
定价：93.00元

国外油气勘探开发新进展丛书（八）

书号：7446
定价：38.00元

书号：8065
定价：98.00元

书号：8356
定价：98.00元

书号：8092
定价：38.00元

书号：8804
定价：38.00元

书号：9483
定价：140.00元

国外油气勘探开发新进展丛书（九）

书号：8351
定价：68.00元

书号：8782
定价：180.00元

书号：8336
定价：80.00元

书号：8899
定价：150.00元

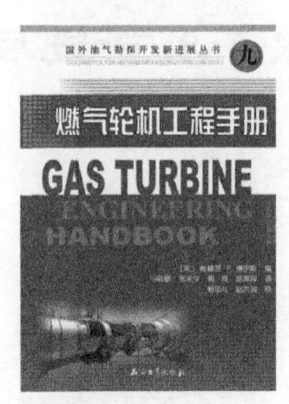

书号：9013
定价：160.00元

书号：7634
定价：65.00元

国外油气勘探开发新进展丛书（十）

书号：9009
定价：110.00元

书号：9989
定价：110.00元

书号：9574
定价：80.00元

书号：9024
定价：96.00元

书号：9322
定价：96.00元

书号：9576
定价：96.00元

国外油气勘探开发新进展丛书（十一）

书号：0042
定价：120.00元

书号：9943
定价：75.00元

书号：0732
定价：75.00元

渗流力学　135

书号：0916
定价：80.00元

书号：0867
定价：65.00元

书号：0732
定价：75.00元

国外油气勘探开发新进展丛书（十二）

书号：0661
定价：80.00元

书号：0870
定价：116.00元

书号：0851
定价：120.00元

书号：1172
定价：120.00元

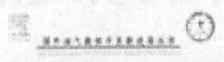

书号：0958
定价：66.00元

书号：1529
定价：66.00元

国外油气勘探开发新进展丛书（十三）

书号：1046
定价：158.00元

书号：1167
定价：165.00元

书号：1645
定价：70.00元

书号：1259
定价：60.00元

书号：1875
定价：158.00元

书号：1477
定价：256.00元

国外油气勘探开发新进展丛书（十四）

书号：1456
定价：128.00元

书号：1855
定价：60.00元

书号：1874
定价：280.00元

渗流力学

书号：2857
定价：80.00元

书号：2362
定价：76.00元

国外油气勘探开发新进展丛书（十五）

书号：3053
定价：260.00元

书号：3682
定价：180.00元

书号：2216
定价：180.00元

书号：3052
定价：260.00元

书号：2703
定价：280.00元

书号：2419
定价：300.00元

国外油气勘探开发新进展丛书（十六）

天然气——21世纪能源
书号：2274
定价：68.00元

提高采收率基本原理
书号：2428
定价：168.00元

油页岩开发——美国油页岩开发政策报告
书号：1979
定价：65.00元

压裂充填技术手册
书号：3450
定价：280.00元

采油采气中的有机沉积物
书号：3384
定价：168.00元

国外油气勘探开发新进展丛书（十七）

页岩气水力压裂的环境影响
书号：2862
定价：160.00元

水力压裂力学（第二版）
书号：3081
定价：86.00元

高效油气流动综合出砂管理
书号：3514
定价：96.00元

渗流力学　139

书号：3512
定价：298.00元

书号：3980
定价：220.00元

国外油气勘探开发新进展丛书（十八）

书号：3702
定价：75.00元

书号：3734
定价：200.00元

书号：3693
定价：48.00元

书号：3513
定价：278.00元

书号：3772
定价：80.00元

国外油气勘探开发新进展丛书（十九）

书号：3834
定价：200.00元

书号：3991
定价：180.00元

书号：3988
定价：96.00元

书号：3979
定价：120.00元

国外油气勘探开发新进展丛书（二十）

书号：4071
定价：160.00元

书号：4192
定价：75.00元